自己做包包就是這樣簡單

手作包
不失敗的14堂課

布作生活家 **吳玉真** 著

Contents

Part 1

Go！製作包包的第一步

Part 2

從簡單的扁包開始做起吧

Contents

Part 3

有底包型也難不倒你喔

方底包款

b
圓底包款

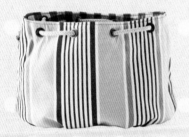

Memo

1. 本書作品布料裁剪尺寸或紙型皆已含車縫份 1cm。

2. 書中每款作品的布料素材，如有標示 ☆，表示須貼布襯，但還是可以視個人選布材質決定是否貼布襯。

3. 書中布料素材 32×35cm，表示寬 × 高 ↕，高為直布紋的方向。

自然隨性。最愛日常簡單手作包

　　喜歡坐在窗邊，享受陽光灑進屋裡，看著窗外，公園裡恣意追逐的小孩燦爛自然的笑臉，在這樣簡單而安靜的時刻，手裡做著喜愛的手作，深深感受到生活中的滿足和幸福。

　　多年來，做了上百個包，包款樣式各異，但我還是最愛使用簡單的包，書中 lesson 1 的 A4 扁包就是我平常出門的包，一本書、一個小零錢包、手機，沒有太多的負擔，還有 lesson 9 的帆布無內裡包，是我搭配帆布鞋出門的輕鬆首選，lesson8 雨傘布購物收納袋是我到市場採買的好幫手，書中的作品都是你我很日常使用的包款。

　　引領你進入布手作的天地，可以從簡單的手作包開始動手做，你就能了解什麼是日常的幸福。這本書 2010 年 1 月發行，書中的作品沒有太多的拼接，也沒有複雜難懂的深奧技巧，從最基礎的扁包到立體，然後方底到圓底，透過簡單詳細的方法讓讀者了解做手作包是件很簡單的事情，包款完全符合初學者，因此深受讀者的熱烈迴響，所以 2017 年 8 月重新發行，加入新材質：雨傘布、肯尼布、仿編織布、帆布，增加四個包款；只要學會書中做手作包的基礎功夫，再將自己的想像力融入作品，親手做一個包包給自己或者給家人，你也會是創造日常幸福的人。

　　謝謝書的兩位幕後靈魂人物：主編貝羚一直不斷給我不同的想法，攝影師正毅透過鏡頭賦予作品生命，以及協助拍攝過程的學生：佳鑫、淑芳、淑女，有大家的努力才能讓這本書再一次有新的能量和大家分享。

　　謝謝先生和三個寶貝給了我最幸福的禮物，讓我可以做自己喜歡的事。本著喜歡手作的初心，我仍努力創造簡單的日常生活手作。

　　最後，將這本書獻給我的母親表示我對她的愛，感謝她無怨無悔地付出，願她身體健康，以及天上的爸爸。

吳玟真
2017.8.8

Part 1
Go！製作包包的第一步

a.必備工具&素材

b.好實用的縫製技巧

1 大剪刀

專門用來裁剪布料，有的刀鋒有鋸齒狀，有防逃功能，適合初學者；為保持剪刀品質，請勿使用在其他用途，例如剪紙、剪塑膠物等。

2 小剪刀

適合剪小布片以及牙口。

3 紙剪

剪紙型用。

4 珠針

縫紉專用，可固定需縫合的布片或配件，裁縫車針經過不會斷針，有軟硬和長短之分；購買時，請強調手藝縫紉專用。

5 強力夾

咬合力道強，有長短之分，縫製時可代替珠針固定布片，尤其較厚的布片，例如帆布，或者不適合用珠針的防水布和皮片；袋物袋口折入縫份較大時，可以用長的強力夾，固定作用更好；購買時，請選擇夾緊度大為佳。

6 布用雙面膠帶

手藝縫紉專用，黏性強，溶於水，有不同的尺寸，可用來固定拉鍊和不適合用珠針固定的縫製配件。

7 拆線刀

拆除錯誤的車縫線時使用。

8 錐子

車縫時可用錐子代替手來推布、壓布，能避免手指太靠近裁縫車針而刺傷；也可用來拆線和挑線。

9 鉛筆

可以用來畫紙型。

10 粉土筆

布專用記號筆，需要削，為粉狀色筆，有各種顏色，粉末會慢慢自動脫落。

11 三色自動細字粉土筆

布專用記號筆，可裝入三個顏色，免削，像自動鉛筆可填入筆芯，劃出線條較細，適合用在厚質的布料，例如丹寧布，牛仔布。

12 水性消失筆

布專用記號筆，記號會隨著水氣或時間慢慢消失。

13 骨筆

用於推開縫份的倒向。

14 直尺

透明狀，用來畫直線，通常有30cm、40cm和60cm等規格，尺上有以0.5cm為間距的直線、應用更廣；也可以利用尺的寬度，活用在特殊需求上（例如以尺的寬度直接畫出斜布條）。

15 直角尺

製作長方型布品或紙型，需要量出準確的直角角度時使用。

16 捲尺

用來量曲面和幅度大的物體，易收納攜帶；尺上有兩種度量單位，一面是公分、一面是英吋（inch）。

17 布鎮

鐵製品或有重量，繪製版型或裁剪布時，可輔助固定物件避免滑動。

18 日口環

有尺寸大小之分，有塑膠和鐵製材質，中間有一橫桿的為日環，應用在製作袋物時用來調整揹帶的長度。

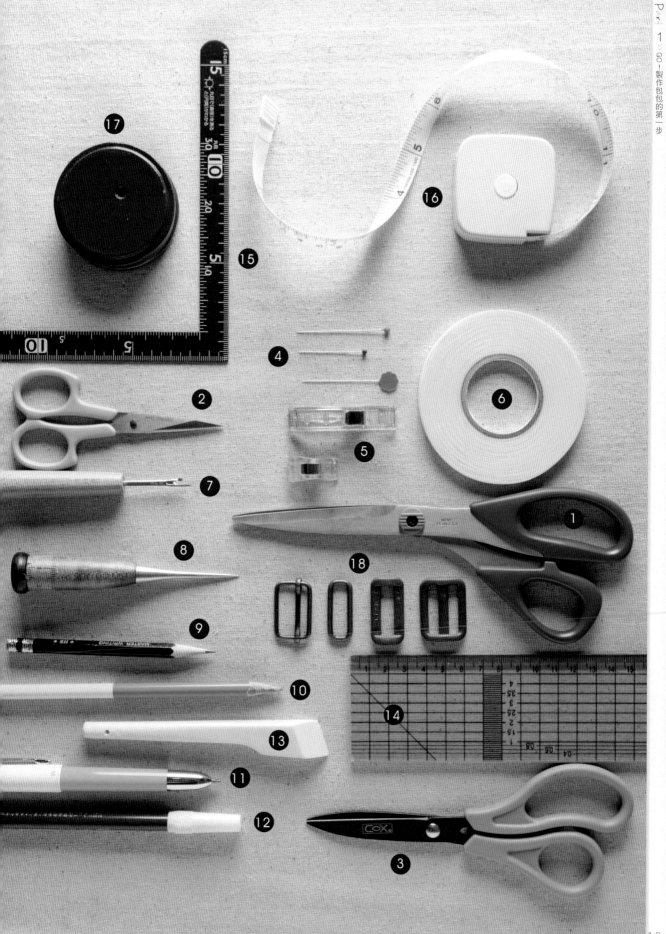

做袋物常用的布料有亞麻布、棉麻布、皮革、麂皮、毛料布、帆布、棉布、刷毛布、防水布等，這幾年也出現了更多元材質，例如：雨傘布、肯尼防潑水布、仿編織布、刺繡布。

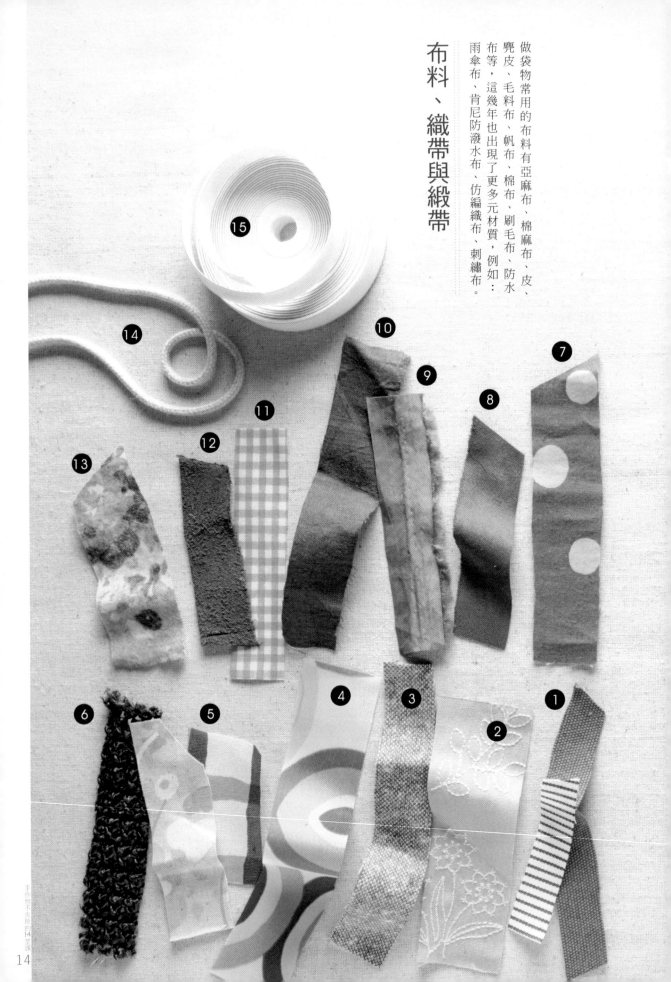

1 帆布

織紋粗獷，織線較粗，質地厚實，適合做硬挺的袋物。進口帆布編號越大越薄，國產帆布編號越大則越厚，深受許多人喜愛，這幾年也有印花的薄帆布。

2 刺繡布

布片上有刺繡的圖案，呈現典雅風，製程較耗時，所以價格較高。

3 毛料布

含羊毛成分，價格較高，能呈現溫暖的感覺。

4 雨傘布

塑膠材質，防水，類似製作雨傘的材質，材質輕薄，無法熨燙，適合製作簡易袋。

5 印花棉麻布

含棉麻成分，偏硬，但兼具棉和麻的優點與特色，廣受喜愛，市面上最常見的布料。

6 仿編織布

塑膠材質，不怕水，無法熨燙，效果極像草編織，縫製時要留意布目較大，需加強車縫。

7 印花棉布

含 100% 棉，細緻柔軟，用來製作袋物時，需燙上布襯。

8 麂皮

合成皮的一種，有厚薄之分，類似皮的感覺，比真皮容易製作，所以也會應用在袋物。

9 肯尼防潑水布

塑膠材質，無法熨燙，防潑水，比雨傘布略厚，應用袋物上可以減輕袋物成品的重量，很多後揹包款會採用肯尼布製作。

10 亞麻布

含 100% 麻，表面較粗，有麻的天然結粒，呈現出自然風格，很受歡迎。

11 防水布

布加上一層防水膜，有亮面與霧面之分，具有防水功能，初學者建議先嘗試霧面的防水布比較容易製作。

12 皮革

擁有美麗的色澤，用來製作袋物，不易變形，能增加質感，越用越漂亮。

13 刷毛布

布表面經過特殊處理，讓布有毛絨的感覺，比毛料布薄，也能做出溫暖的感覺。

14 棉繩

有粗細之分，圓狀，應用在袋物的束口上。

15 鬆緊帶

有寬窄之分，拉動時有彈性，應用在袋物的束口上。

16 棉麻織帶

含 100% 棉麻成分的織帶，可以用來裝飾用、包邊或小型袋物的提耳，應用層面很廣。

17 織帶

常用來作為提把揹帶，材質較硬較厚，耐重，有 1.5 ～ 4㎝ 各種尺寸與顏色。

18 布標

有背膠，可以用熨燙方法和布結合，如果布無法熨燙，則需要以車縫方式車在布上，有很多造型圖案，適時應用的話，袋物視覺效果加分。

19 文字布標

需要以車縫方式車在布上，有很多造型圖案，適時應用能為袋物帶來個人風格。

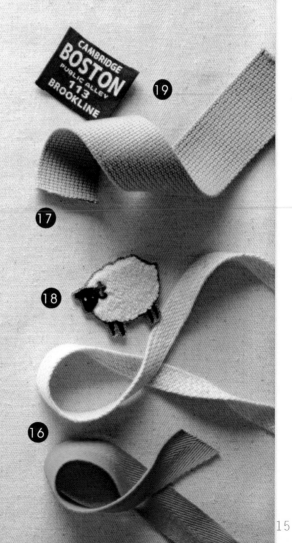

15

布襯種類

常用布襯類型有 a 厚布襯、b 薄布襯、c 有膠棉襯。

如果用布本身已經是很厚硬的布，則只需要用薄布襯。

一般棉麻布大多使用厚布襯來加強袋物的硬挺度。如果想要使袋物有膨度的感覺，則建議使用棉襯，棉襯另有無膠、單膠、雙膠之分。

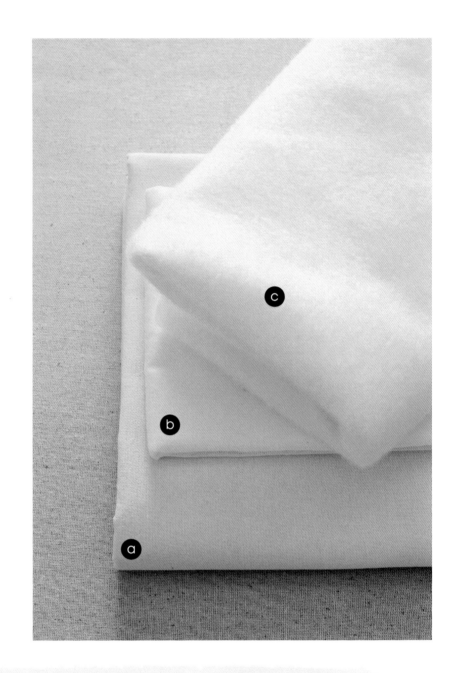

POINT

1. 袋物使用何種布襯，沒有一定的規則，端看個人需求，需注意的是若用布已經很厚硬，如果再燙上厚布襯，對於初學者而言，在車縫製作上會比較有難度；另如果袋物想看起來給人慵懶自然的感覺，也可以表裡布都不燙布襯。

未燙布襯時，厚薄不均。

2. 袋身如果是以不同材質布（厚薄）拼接，直接車縫可能會有厚度的落差；例如棉麻布拼上薄棉布，則可將薄棉布先燙上薄布襯，再燙上厚布襯，即能解決厚度不同的問題。

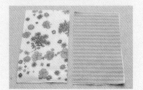

燙襯後，兩塊布就能厚度相當。

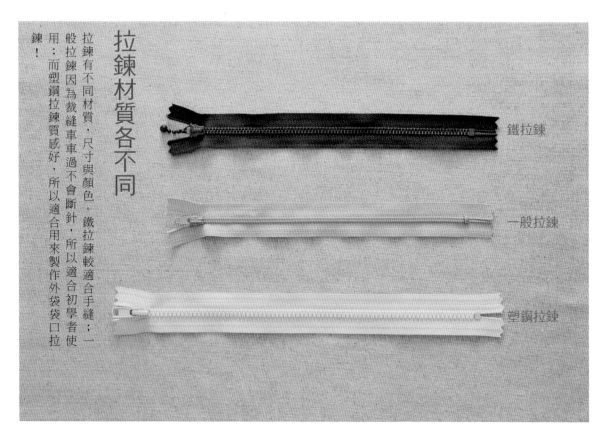

拉鍊材質各不同

拉鍊有不同材質，尺寸與顏色。鐵拉鍊較適合手縫；一般拉鍊因為裁縫車車過不會斷針，所以適合初學者使用；而塑鋼拉鍊質感好，所以適合用來製作外袋袋口拉鍊！

鐵拉鍊

一般拉鍊

塑鋼拉鍊

車縫針的尺寸選用

因為使用的布薄厚不同，為了使製作時更順利，裁縫車可以試著更換不同尺寸的車針。布料越薄就必須使用細針，布料越厚則要使用粗針，如用細的針去車厚布，很可能會斷針；製作袋物常用14、16號針。

9 號：適合薄布料，例如薄紗。
11 號：適合稍薄布料和普通布料，例如棉布。
14 號：適合普通布料跟稍厚布料，例如棉麻布。
16 號：適合厚布料，例如牛仔布、厚毛料。

好實用的縫製技巧

如何計算用布尺寸

假使設定要做一個容納特別物件的袋子，例如講義袋，可以這樣估算所需用布：

先用捲尺量出物體的長寬高，但為了拿取方便尺寸需多算 2cm，然後再加上兩邊各 1cm 的縫份。

長→（長 +2+2 cm）
寬→（寬 +2+2 cm）
高→（高 +2+2 cm）

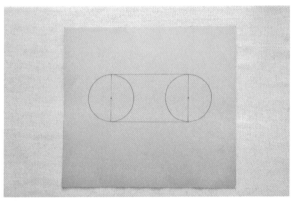

如何畫出橢圓形版型

首先確定袋物底的寬度及長度，畫出一個長方形，再以長方形的寬為直徑，在兩邊畫出一個圓，剪下聯集的部分，則得到一個橢圓底。

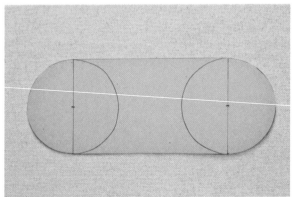

POINT

剪紙型時，記號點可以用剪角方式標註，使用上會更清楚便利。

選取花樣的實用透明板

製作袋物時，如果有特別選用的布樣，版型可以用透明塑膠板來製作，在決定裁布範圍時就可以很清楚的選圖。

不出錯的尺寸列表

製作較複雜的袋物，所剪裁的布有各種不同尺寸，可製作一張表格，列出需剪裁的布樣、名稱、尺寸、是否燙布襯、縫份…等等資訊，會幫助剪裁過程不出錯又快速。

關於版型使用的重點

1. 由於亞麻布織紋較鬆，布料容易歪扭、比較不穩定，所以裁剪時可以多剪1cm，燙完布襯再用紙型修剪一次，避免布量不夠的狀況。
2. 袋物袋身若為規則的矩形，可等外袋完成時，再確認一次外袋尺寸，然後再裁剪裡布，這樣可避免外袋車縫時產生的縫份誤差，導致裡外袋無法車合的現象。
3. 剪布時需留意所選用布的圖案是否具有方向性，例如房子、人物、動物…等。
4. 紙型標示的中心線表示裁剪時，將布對摺，裁剪完，中心線不能剪開。

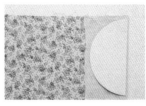

布對摺，半圓紙型中心線和布對摺處貼齊，在布上畫出形狀。

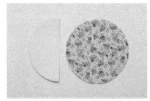

剪下形狀，得到一片圓形的布。

裁好的布片該如何收放

裁剪的布若已經燙好布襯，但沒有要即時製作的話，為了避免產生摺痕，可以利用保鮮膜紙軸捲起收好。

熨斗沾黏到布襯該如何清理

1 熨斗加熱，對著熨斗面噴些水。

2 熨斗在不要的布上來回熨燙，把膠燙除掉。

3 或者熨斗加熱，用濕的抹布擦拭（市面上也有販售專用的熨斗清潔劑）。

各種釦環的作法

● 如何打磁釦

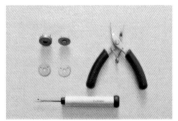

1 使用材料工具：鉗子，拆線刀，磁釦1組。

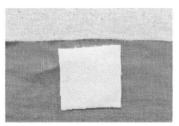

2 在安裝的位置需要燙一小片布襯，有加強作用。

3 利用蓋片標出記號（磁釦位置不能太靠近袋口）。

4 再用拆線刀輕輕劃開兩道磁釦腳（因為拆線刀很銳利，切記不可太用力推）。

5 從正面將一片磁釦兩腳插入劃開處。

6 背面套上蓋片。

7 兩磁釦腳用鉗子往外摺平
※ 鉗子夾在磁釦腳的末端，這樣可以將磁釦腳一次摺平。

8 另一片磁釦也是相同方法，完成。

● 如何打鉚釘釦

1　使用材料工具：布打洞工具，皮打洞圓斬，錘子，膠台，鉚釘模工具，鉚釘。

2　布上標出記號。

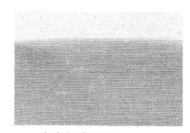

3　用打布洞工具打洞。

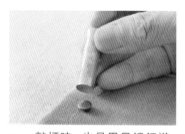

4　公鉚釘穿過布的正面。

5　在布背面將母鉚釘套上。

6　放置在公鉚釘模工具上，可防止敲打時，鉚釘變形。

7　敲打時，也是用母鉚釘模。

8　敲打。

9　完成。

● 如何組合雞眼釦

1　使用材料工具：打布和打雞眼釦工具，錘子，膠台，雞眼釦。

2　先於布上標上位置記號。

3　套好布打洞的工具。

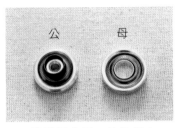

4　布放在膠台上，打洞。

公　　母

5　雞眼釦公母，放入模中。

6　公模在布的正面，母模在布的背面。

7　套好母模工具，用錘子敲打。

正面

8　完成。

● 如何組合四合釦

1　使用材料工具：打布和打四合釦工具，錘子，膠台，四合釦。

2　先於布上標出位置記號，布打洞。

3　母釦從布背面套入。

4　另一母釦從布正面蓋入。

5　套好母釦工具，用錘子敲打。

6　先於布上標示位置記號，布打洞。

7　公釦從布背面套入，另一公釦從布正面蓋入。

8　套好公釦工具，用錘子敲打。

9　完成。

● 如何打彩色塑膠四合釦　　可以在布打洞位置的背面燙上布襯加強耐用度

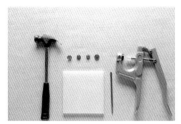

1 　使用材料工具：錘子，膠台，打洞器，壓釦工具，四合釦（面蓋 2 只，公釦，母釦）1 組。

2 　布上標出打洞位置，用打洞器打洞（最下層需置放膠台）。

3 　面蓋

4 　面蓋從布的正面穿入。

5 　母釦從布的裡面放上。

6 　一起送進壓釦工具下。

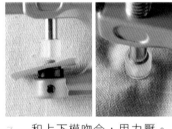

7 　和上下模吻合，用力壓。

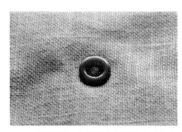

8 　面蓋的尖端被壓扁表示完成。

9 　公釦也是相同方法：面蓋從布的正面穿入，公釦從布的裡面放上。

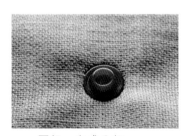

10 　壓釦，完成公釦。

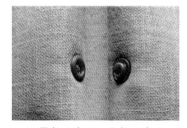

11 　母釦（左），公釦（右）

12 　釦合，完成。

● 如何打撞釘磁釦　可以在布打洞位置的背面燙上布襯加強耐用度

1　使用材料工具：錘子，膠台，打洞器，釦斬，凸模，凹模，磁釦（面蓋2只，公釦，母釦）1組。

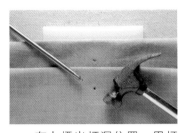

2　布上標出打洞位置，用打洞器打洞（最下層需置放膠台）。

3　面蓋從布的正面穿入，公釦從布的裡面和面蓋扣合。

4　公釦。

5　凹模放在下層和公釦吻合。

6　釦斬一端有凹槽，放在面蓋上。

7　釦斬和面蓋須確實吻合，用錘子敲打直到牢固。

8　母釦也是相同法，面蓋從布的正面穿入，母釦從布的裡面和面蓋扣合。

9　凸模放在下層和母釦吻合。

10　完成。

● 可調整揹帶日口環製作方法 日口環尺寸需和織帶寬度吻合

1 準備材料：口環 2 只，日環 1 只，織帶小段兩條，織帶一長條。

2 小段織帶套入口環，對折。

3 長段織帶從日環的中間橫桿穿進日環，再跨過橫桿穿出日環，約拉出 5~6㎝ 後，反折 1.5㎝。

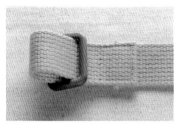

4 車縫固定。

5 長段織帶的另一端由下往上穿進口環。

6 再往回穿進日環。

7 穿出日環。

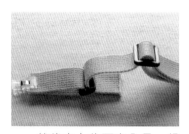

8 然後由上往下穿入另一組口環，織帶穿出口環約 4~5㎝。

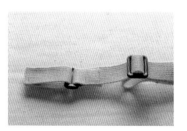

9 往上反折 1.5㎝，車縫固定。

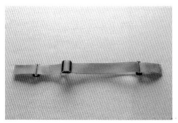

10 完成。（應用在袋物時，將兩端口環織帶車縫在袋物側邊即可。）

較厚布料車縫時的訣竅

車縫較厚實布料的時候，有幾個調整重點
要注意：

1.針距調大、2.裁縫車速度放慢、3.將布
錘扁一些、4.手動（較傳統的裁縫車最右
側的皮帶轉輪處，可以用手轉動，轉動一
圈則裁縫針上下一針）、5.裁縫車針可以更
換 16 號。

TIPS

遇厚布時，裁縫車壓腳兩邊會因為厚度不同
的關係，無法順利送車，造成製作困擾，只
要在另一側放上紙板來墊高厚度就可以囉。

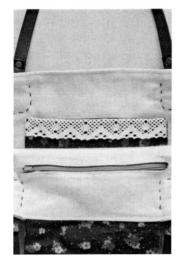

素色裡袋配上花布口袋，能讓袋物更
有變化。

讓袋物更細緻的小訣竅

※ 裡袋如果使用素色布太單調，裡口袋可以使用表布
  來變化。

車縫線的選擇技巧
1. 車線用色也是個技巧喔！如想讓整體感更好，可盡
   量選用和布相同的車線（深色布可以選擇更深的車
   線，淺色布則選較淺的車線）；如果想要利用車線做
   變化，則可大膽使用對比色彩，製造漂亮的裝飾效果。
2. 另如果使用的布是花布，可以以花布的底色，或者
   花布中比例較多的顏色為選擇車線顏色的依據。

以這款布為例，車線可選
用底色米色，或者布上比
例較多的紫色。

簡易包布邊的方法

製作袋物時，如果沒有裡袋也沒有車布邊，不需要額外的布條也可以解決布邊的問題。

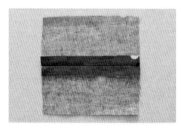

1 車縫份需要至少 2cm，燙開縫份。

2 縫份往裡摺 1cm。

3 將縫份摺用珠針固定。

4 車縫壓線，完成。

快速取45度斜布條

袋物弧度處包邊布條需要 45 度斜布，如何快速取得？

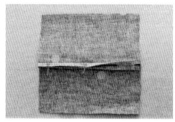

1 準備一片長方形布片，整燙。

2 折出三角型，燙出折痕。

3 折痕做為起始線，工具只需要記號筆和方格尺。

4 畫出起始線，和起始線等距用方格尺畫出平行的線條。

5 平行起始線的兩側畫出多條線條。

6 用剪刀裁剪所需斜布條。

弧形物件如何用布條包邊

弧形物件包邊需要用斜布條，起點和終點如何完美銜接？包邊如何車縫漂亮？

1　首先需要使用斜布條，斜布條起始點先反折 1cm。

2　珠針固定布條和物件一圈，布條請勿拉緊。

3　布條最後回到起始點，布條（不需要反折）和起始點重疊 1cm 即可，若有多餘布條，剪去。

4　車縫一圈。

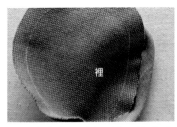

5　布條往內折一折至物件的布邊。

6　再折一折至剛好蓋過車縫線處多 0.1cm。

7　珠針從背面固定一圈，再從正面離邊 0.2cm 車縫一圈。

8　四折包邊完成。

如何接縫斜布條

若需要長度很長的斜布條，可以用多條短的相接，但絕對不是布條頭尾相接！

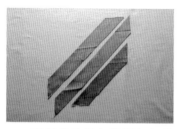

1　有斜度的斜布條要如何接縫呢？

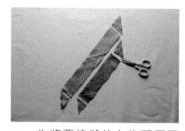

2　先將要接縫的布條頭尾兩端剪平。

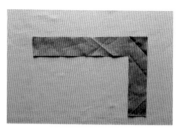

3　布條正面對正面，呈垂直狀。

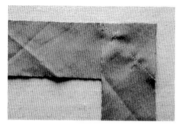

4　布條重疊處車縫一道由內斜至外的縫合線。

5　縫份留 0.7cm，其餘剪掉。

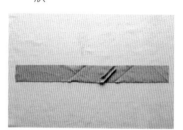

6　縫份撥開，斜布條接縫完成。

關於皮革把手

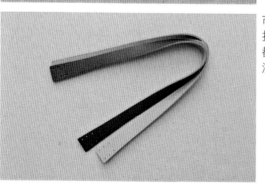

手縫皮革提把應使用專用針與縫線，專用線較粗、較耐拉。

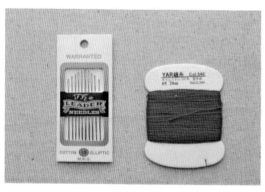

市售皮革提把已打好洞，包裝上都會有不同的縫法說明。

● 皮革如何打洞

自行裁剪的皮革需要先打洞，最簡單的方法是用錐子戳洞。

也可使用皮革專用打洞工具鑽洞。

常用的釦子縫法

● 縫製暗釦

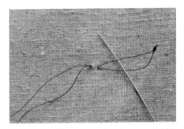

1　在正面縫一小針，不要拉緊，針從兩線中間穿入。

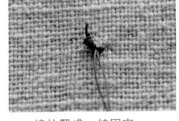

2　線拉緊成一結固定。

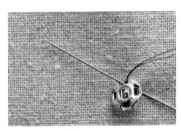

3　穿入暗釦。

4　穿入暗釦，拉出線圈，由下套入。

5　接著由下方出針，重複上一個動作，每一個孔約重複 3 ～ 4 次。

6　最後，穿入布的背面打結。

● 鈕釦做出高度

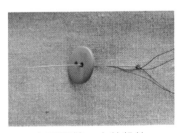

1　在正面縫一小針起針。

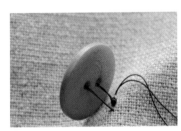

2　穿入鈕釦，往布的背面縫入，但縫線不拉緊（線腳約 0.7cm）。

3　來回 2 ～ 3 次。

4　出針於布的正面，縫線纏繞線腳，直到沒有縫隙。

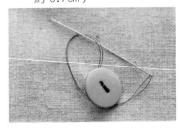

5　最後拉出一圈，針穿入圈內，線拉緊。

6　針穿入布的背面，打結。

手作包不失敗的14堂課

常用的手縫針法

● 對針法

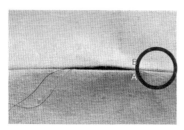

1　A 布裡側邊出針。

2　由 A 布的對稱點 B 布入針，往前約 0.3cm 處出針。

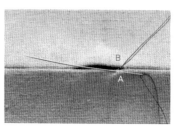

3　完成一針，重覆動作 2 ～ 3。

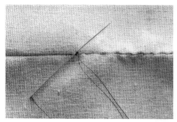

4　最後一針往回縫，打結。

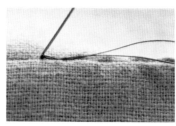

5　針往打結的布目穿入，即藏結。

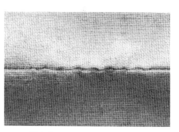

6　完成。

● 斜針縫

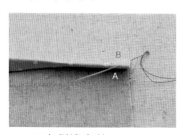

1　B 布側邊出針。

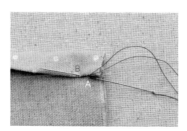

2　由 B 的對稱點 A 布入針（略往內），再由 B 布約 0.3cm 斜前側邊出針。

3　重複動作 1 ～ 2。

使用特殊布料的要訣

1. 防水布和麂皮都不能直接熨燙，特殊情況下，可在熨斗和防水布（或麂皮）間放一塊布，並注意熨斗以中低溫且不能停留在布上太久。
2. 車縫防水布或皮革類時，裁縫車針距需適中，若針距過大，袋身撐開會看到車線，針距過小則車縫時不易前進也不美觀。
3. 車縫防水布或皮革類應更為細心，盡量不要車錯，避免拆線後容易留下車針的痕跡。

若沒有防水布壓腳有何替代方法

傳統裁縫車針盤及桌面是金屬材質，但防水布接觸金屬面容易卡住、會不易前進，所以解決車縫接觸面的金屬問題，即有以下兩種方式。

Point

防水布有亮面及霧面兩種，霧面的防水布會比亮面來得好車。

| 車縫袋物時，在最下方放一張紙襯，完成車縫時，撕掉紙襯即可。

2 裁縫車壓腳利用雙面膠黏貼上較粗的棉麻布。

壓腳貼上雙面膠帶。　　再貼上一小塊粗棉麻布，修剪　完成。
　　　　　　　　　　　多餘的布。

在鋪棉提把上車裝飾線的製作重點

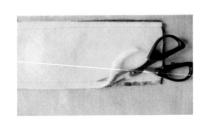

2 翻面前，剪去車縫處的棉襯。

| 需用有膠棉襯與布貼合。

3 正面壓線時，先左右各車縫一道，再車縫中間，做出的形狀會比較漂亮。

速查！重點索引

想要順利完成一個手作包包，其實並不難喔！先依照自己的想像設計包型，再用上書中的各種技巧，想要什麼包包都可以自己做呢！以下的重點整理，將能幫助你更快速上手。

Part 2
從簡單的扁包開始做起吧

a.基本款

b.變化款

01 >>How to make

Lesson1 >> 基本袋型製作

A4扁包

▲成品尺寸＝ 30×33 公分

× ×

想要擁有一個親手製作的包包嗎？這款 A4 大小的手提袋，絕對是你嘗試的第一選擇。方形的簡單結構，只需要基礎機縫技巧就能完成。

基本款

※ 作法重點

1. 學習基本袋型的製作概念。
2. 提把的簡單作法。
3. 熨燙布襯的入門技巧。

🔩 布料素材

小花亞麻布（表袋）＝ 32×35cm×2 片☆
綠格棉麻布（裡袋）＝ 32×35cm×2 片☆
水玉棉麻布（裡口袋）＝ 20×17cm×2 片☆
水玉棉麻布（袋口布）＝ 32×5cm×2 片
皮帶（提把）＝ 45cm×2 條
鉚釘＝ 8 組
布襯

製作之前 >>

依最常裝放物件的大小來量出適用尺寸，記得東西是有厚度的，因此量尺寸時，長、寬、高都要記錄，再加上車縫份，這樣做出的袋子才能裝得剛剛好喔。

1　裁剪表布兩片，並且將表布放置在布襯上（布襯有膠面朝上），沿著表布裁剪布襯。

2　布襯可以裁剪得比布大約0.3cm，燙襯時可避免有誤差。

3　燙襯前，需先將布燙平，布上如有摺痕或太皺，可先噴點水再燙。

POINT

※ 建議不要使用蒸氣熨斗的噴水功能，因為蒸氣熨斗的強度會太高；但用噴霧器噴水，則可以清楚看到水痕。

※ 燙襯時，熨斗千萬不可以45度的方向移動或者來回托曳。

※ 如果布片面積太大或者為長條狀，建議燙襯時從中間往左、往右燙完。

※ 如果想要袋子更挺，裡布也可以燙上布襯。

4　在布襯有膠的那一面噴上適量水，不需太多，比較容易黏著。

5　熨斗以水平和垂直方式移動，以燙壓的方式，每次移動約半個熨斗的距離，避免燙完後布歪掉。

6　燙上布襯後，修剪多出來的布襯，剪出正確尺寸。

7　翻至背面可以很清楚看到布襯和布是否黏貼得完美，最後在背面再做一次燙布襯的動作，確保布面完全平整，不會有凹凸不平的狀況。

>>Step2　口袋的作法

8　裁剪裡袋口袋布20×17cm兩片，其中一片燙上布襯。

9　面對面車合，口袋底部留返口不車。

10　剪去四個角。

Tips

先將四角剪去，翻面後就不會因為四個角的布料厚度相疊，讓形狀不好看。

11 翻至正面,整燙。

12 對針縫縫合返口,請參考 P31。

13 袋口離邊 0.5cm 壓線一道。

15 口袋放置在裡布(已燙好 布襯)適當的位置上,珠 針固定。

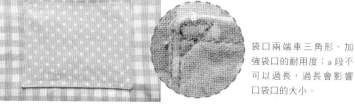
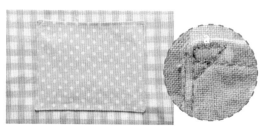

16 車ㄩ字型。

袋口兩端車三角形,加 強袋口的耐用度;a 段不 可以過長,過長會影響 口袋口的大小。

>>Step3　袋身接合

17 兩片表布面對面,縫份 1cm 車合兩側邊。

18 再車合裡袋的底邊。

19 表袋的縫份燙開。

20 兩片裡布面對面車合側邊 及底部。

21 燙開裡袋的縫份。

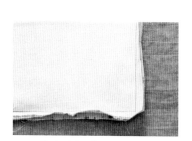

22 剪去表裡袋底的兩角。

23 表袋和裡袋背對背套入。

24 車合袋口一圈(縫份 0.7cm)。

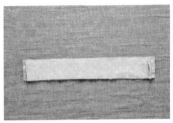

25　剪兩片和袋口同寬且高5cm的布片，兩片布片面對面車合兩短側邊。

26　布片面對面套入袋口。

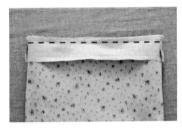

27　車合袋口。

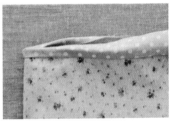

28　布片4等份往裡袋摺。

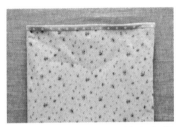

29　整燙袋口布片，並且車縫壓線一圈，請參考P28（也可以用針逢縫合，請參考P31）。

>>Step5　裝上提把

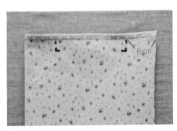

30　離側邊車縫線6cm的距離標上提把位置，以畫L型方式註記，能避免提把放錯位置。

31　提把釘上鉚釘（鉚釘製作方法請參考P21），完成。

ok!

02 >>How to make

Lesson2 >> 布提把基本作法

條紋布提把袋

▲ 成品尺寸＝ 33×30 公分

××××××××××××××××××××××××××××××××

學會了 A4 包的作法後，就可以開始改變形狀囉！將形狀往左右拉長，直接利用布條做出提把，布提把有著不同的風味，能搭配袋子選用更相稱的配色，絕對不會有「撞把」的尷尬場面出現呢！

布料素材

條紋棉麻布（表袋）＝ 35×32cm×2 片☆
小綠格棉麻布（裡袋）＝ 35×32cm×2 片☆
條紋棉麻布（裡口袋）＝ 20×17cm×2 片☆
中綠格棉麻布（提把）＝ 45×10cm×2 片☆
布襯

How to make

>>Step1　裁剪、燙襯

請參考 >>> P38

※ 作法重點

1. 布提把的製作方法。
　※ 布製提把的設計，不僅能讓手作包更有整體感，也比皮革提把來得好背好拿（有些皮製提把過重，常會因揹太久而讓肩膀不舒服）。
2. 口袋加強法：裡袋口袋車縫兩道線加強耐用度。

>>Step2　口袋的作法

口袋車縫在裡布時，也可以車兩道車線的方法，除了加強耐用，也有另一種裝飾效果。

1 製作裡袋口袋（請參考 P38），翻面時，從離返口最遠的角拉出，能快速完成翻面動作。

2 用鑷子深入將四個角推出，整燙，縫合返口。

3 將口袋車在裡布上的適當位置。

POINT

口袋位置離袋口約 5 ～ 7cm，若有袋底則不要太低。

>>Step3　布提把製作

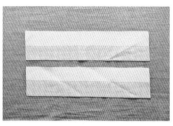

4　提把布 45×10cm 兩片，每片的一半燙上布襯。

5　提把四等份折。

6　側邊壓線。

>>Step4　袋身接合

7　兩片裡布面對面車合ㄇ字型，底部留適當返口（約一個拳頭大小）不車。

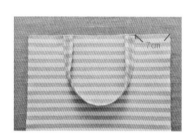

8　提把外緣離布邊 7cm，提把分別車縫（縫份 0.7cm）在兩片表布上。

9　兩片表布面對面，車合ㄇ字型。

10　裡袋和表袋面對面套入。

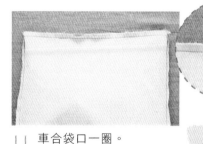

11　車合袋口一圈。

12　翻至正面，表裡袋拉直，整燙袋口。

13　袋口離邊 0.5cm 壓縫一圈。

你也可以這樣做

裡袋返口除了以對針縫縫合外，也可以採用直接車縫的方式將返口縫合，但為了美觀，車縫距離要盡量抓小一點，縫份約為 0.1～0.2cm。

延伸款.

作法 >>> P124

只要在側邊加兩條緞帶，
打個結綁起來，就能讓扁
包變成有底包囉！

提把也可以這樣變化！以不車邊
的方式，加上幾道車線，就是很
好看的樣式，也有加強提握效果。

03 >>How to make

小物束口袋

▲成品尺寸＝ 20×26 公分

× ×

能收納各種細碎小物的束口袋型，看似容
易，一開始製作時，卻常會搞不清楚該如
何將袋口做得漂亮；這裡示範的作法，則
是將束口布做在袋身外，不僅簡潔易懂，
也增加了袋物本身的花色變化。

布料素材

棉麻布（表袋）＝ 22×28cm×2 片
束口布＝ 20×4.5cm×2 片
包繩布＝ 4×4cm×2 片
棉繩＝ 76cm×2 條

搭配花邊用布，束口布也可直接以緞帶製作，更省去包邊
的動作。

※ 作法重點

1. 將束口布設計在外部的簡單
   作法。
2. 穿繩尾端的小裝飾。

How to make

>>Step1　　束口布和表布車合

1　束口布兩片，兩短邊往裡
　折 1cm，離折邊 0.7cm 車
　縫壓線，再將兩長邊往裡
　折 1cm。

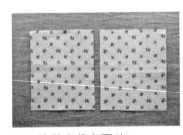

2　準備表袋布兩片。

3　束口布放置在離表布上緣
　5cm 處，車縫兩長邊，另
　一片也是相同方法。

>>Step2　表袋接合

4　兩片表布面對面，車合ㄩ字型。

5　ㄩ字型三邊皆車布邊。

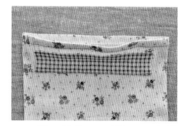

6　袋口摺入 1cm 再 1cm，車縫袋口一圈。

>>Step3　棉繩穿引

兩端打結。

7　用穿引器將棉繩引入束口布中（請參考 P113）。

8　兩條棉繩皆繞袋子一圈，同側邊棉繩打結。

9　包繩布片對摺，車縫兩側邊，翻至正面。

10　包繩布口縮縫一圈，縫份塞入，套入棉繩結，拉緊後斜針縫一圈（請參考 P31），完成。

延伸款.

作法 >>> P125

加上一段織帶做提把，束口袋也能提著走，只要改變尺寸大小，就能繼續發展出其他功能的袋款囉！

作法 >>> P126

袋口沿用同樣作法，但換成口金配件，釦上短版的皮製提把，就是個令人注目的優雅提袋。

Lesson4 >> 學會拉鍊這樣做

拉鍊式化妝包

▲成品尺寸＝ 20×17 公分

× × × × × × × × × × × × × × × × × × ×

要將拉鍊車縫漂亮有很多作法，這裡示範
的是較不易出錯的方式；多了拉鍊的應用，
做出的包款也更有質感。

04 >> 扁扁款

I Love Sewing

延伸款.

作法 >>> P127

>> 三角底款

同樣作法，拼兩種花布更顯可愛，兩側抓角後，
就成了容量更大的有底小包。

布料素材

條紋棉麻布（表袋）＝ 23×36cm×1 片☆
水玉棉麻布（裡袋）＝ 23×36cm×1 片
拉鍊＝ 20cm×1 條
布襯

※ 作法重點

1. 袋口拉鍊的基本作法。

How to make

>>Step1　表布和拉鍊車合

拉鍊正面

1　表布燙上布襯，和拉鍊面對面車合。

2　表布的另一端也和拉鍊的另一邊車合，成一筒狀。

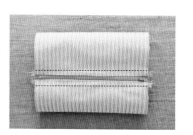

3　翻至正面整燙，拉鍊兩邊壓線。

4　翻至背面，車合兩側邊，翻至正面，整燙。

POINT

1. 車拉鍊時，裁縫車應更換拉鍊壓腳，車縫時要留意不要車到拉鍊兩端的鐵片，保留適當距離，完成後拉起拉鍊會比較漂亮。
2. 拉鍊兩側可先貼上專用雙面膠，方便固定，位置不易跑掉。

>>Step2　裡布和拉鍊接合

7　表裡袋以背對背的方式套入。

5　裡布兩短邊往裡摺 1cm。

6　布長邊對摺，車合兩側邊。

8　斜針縫縫合（請參考 P31）裡袋和拉鍊口，完成。

0 5 >>How to make

Lesson5 ≫ 簡易的版型複製

可折疊購物袋

▲成品尺寸＝ 25×40 公分

× ×

複製塑膠袋型做出的購物袋，是日常生活中最實用的環保萬用袋，可試試不同的布料，薄的、厚的，或者不怕髒的防水布，都可做出各種風味的便利袋，折一折，就能放進包包隨身帶著走囉。

🧵 布料素材

黃格棉麻布（表袋袋身）＝ 36×41cm×2 片（參紙型）
素亞麻布（外口袋）＝ 15×13cm×1 片
水玉棉布（綁帶）＝ 30×4.5cm×2 片
米白色棉布（底部包邊）＝ 25×4cm×1 片
米白色棉布（提把內側包邊斜布條）＝ 90×4cm×1 片

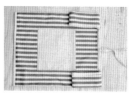

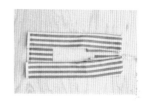

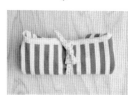

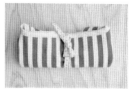

側邊抓出寬度，即使東西放得多也有空間。

※ 作法重點

1. 利用現成的塑膠袋當版型。
2. 如何製作外袋包邊。

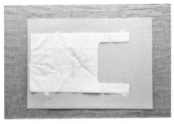

1　塑膠袋黏貼在紙板上。

2　沿著塑膠袋外加 1cm，兩側邊則需要預留提把寬度的 2 倍。

3　剪下紙型。

>>Step2　袋身製作

車布邊

車布邊

不車布邊

4　依版型裁剪袋身布兩片並車布邊，提把內側和底部不車布邊。

5　外口袋布三邊車布邊，留一長邊不車當袋口。

6　袋口往裡摺 1cm 再 1cm，車縫壓線兩道。

7　三邊往裡摺 1cm。

8　將口袋車縫至一片袋身的中間位置。

9　兩片袋身布面對面。

10 車合兩側邊，車至提把終止點。

11 提把外側往裡摺入 1cm，車縫壓線，另一邊也是相同方法。

12 兩片袋身的提把上緣分別和對面的提把車合。

>>Step3　綁帶製作

13 綁帶布一短邊往裡摺 1cm，長邊四等份折。

14 長邊車縫壓線，另一條也是相同方法。

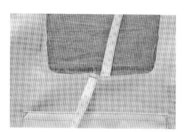

15 兩條綁帶（沒有摺入 1cm 的一端）分別車縫固定在袋身中間。

>>Step4　袋口包邊

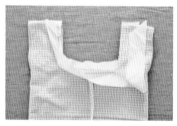

16 斜布條和袋身面對面車縫一圈，提把弧度處需剪牙口，能協助布邊車得順暢漂亮。

POINT

包邊時，起始點先往外摺 1cm，結束點再和起始點重疊 1cm（請參考 P28）。

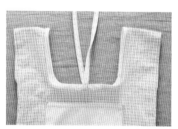

17 斜布條往裡摺再摺（四等份摺），整燙，車縫壓線袋口一圈，請參考 P28。

>>Step5　　袋底包邊

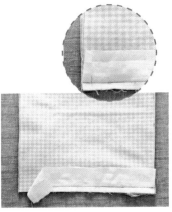

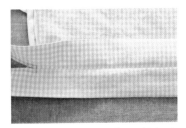

18　袋身側邊提把摺入提把寬度的一半。

19　側邊外緣壓線一圈。

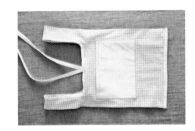

20　底部包邊布兩端都往外摺1cm，車縫底部。

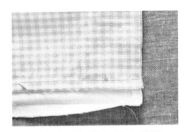

21　整燙，包邊布摺四等份。

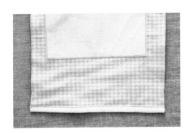

22　車縫壓線。

ok!

（右下圖片說明）23　完成。

06 >>How to make

編織刺繡布拼接包

▲成品尺寸＝ 36×37 公分（不含提把）

× ×

刺繡布優雅，仿編織布悠閒，兩者的結合，
讓這款包呈現多種風情；圓扁包可利用簡
易車袋角方法，快速讓袋底更立體，感覺
內容量更大了。

b 變化款

🧵 布料素材

刺繡棉麻布（表袋上）＝ 38×21cm×2 片（參紙型）☆
仿編織布（表袋下）＝ 39×20cm×2 片（參紙型）
刺繡棉麻布（提把）＝ 50×11cm×2 片 ☆
灰色棉麻布（裡袋）＝ 39×39cm×2 片（參紙型）
灰色棉麻布（裡口袋）＝ 27×17cm×1 片
刺繡棉麻布（裡口袋）＝ 27×17cm×1 片
撞釘磁釦 ＝1 組
布襯

※ 作法重點

1. 仿編織和一般布料不同材質
   的車合技巧；彈性大的編織
   材質縫製時勿過度拉扯。
2. 圓扁包袋底車袋角。

How to make

>>Step1　　裁剪、燙襯

請參考 >>> P38

兩片提把的布襯尺寸四邊都少布片 1cm，提把布燙上布襯。

>>Step2　　提把製作

2　提把布的兩長邊往裡折 1cm。

3　再對折。

4　兩長邊離邊 0.2cm 車縫壓線，另一片提把也是相同方法。

>>Step3　　表袋身製作

5　表袋上和表袋下兩片布正面對正面，強力夾固定。

6　車縫。

7　因為仿編織布的布目較大，所以重複車縫，加強表袋上下兩者的縫合。

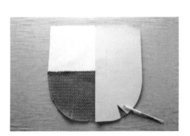

8　縫份倒向表袋上，離車縫線 0.2cm，在表袋上壓線。

9　在表袋身背面，利用硬紙型畫出袋角車線記號。

10　將袋角車線記號重疊折出袋角，用強力夾固定。

11　兩袋角皆依照記號線車縫；另一組表袋身也是相同方法。

12　兩片表袋身正面對正面用強力夾固定一圈，留意兩片袋身的上下縫合處要對齊。

13　袋角的縫份左右錯開平均厚度。

14　車縫袋身U型一圈（袋口不車）。

15　標示袋口中心點，離袋口中心點左右各 5.5cm，縫份 0.7cm 車縫固定提把。

>>Step4　裡袋身製作

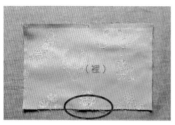

16　兩片裡口袋布正面對正面，縫份 0.7cm 車縫一圈，唯口袋底部留 4cm 返口不車。

17　剪去四個角，翻至正面，整燙，請參考 P38；袋口離邊 0.5cm 車縫壓線，返口以對針縫縫合，請參考 P31。

18　在裡袋身的正面，離袋口 10cm 中間位置放上裡口袋（兩者中心對齊），珠針固定口袋三邊。

19　離邊 0.2cm 車縫口袋三邊。

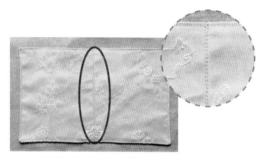

20　記號筆畫出口袋分隔線（尺寸大小可隨自己使用習慣），依照畫線車縫分隔線，可以車縫兩次加強耐用度。

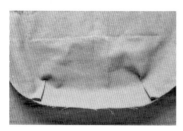

21　參考表袋袋角的車縫方法，車縫兩片裡袋身的袋角。

22　兩片裡袋身正面對正面，袋角的縫份左右錯開平均厚度，強力夾（或珠針）固定，車縫袋身 U 型一圈（袋口不車），唯袋底留 15cm 返口不車。

>>Step5　表裡袋結合

23　表裡袋正面對正面套入。

24　強力夾（或珠針）固定，車縫袋口一圈。

25　翻至正面，整燙袋口（小心仿編織布塑膠材質不能熨燙！）。

27　離袋口中心 2㎝ 標示撞釘磁釦中心位置，釘上磁釦（請參考 P 24）；裡袋底返口以對針縫縫合，請參考 P31。

26　縫份 0.5㎝ 車縫袋口一圈。

07
>>How to make

肯尼檸檬包

▲成品尺寸＝ 33×40 公分（不含提把）

× ×

用色彩鮮艷且重量輕的肯尼防潑水布製作
包款，減輕手臂負擔，搭配鮮艷的提把、
彩色鉚釘，雙色拉鍊和活潑的動物布標，
整個包款都輕鬆亮麗起來。

側邊抓出寬度，即使東西放得多也有空間。

📏 布料素材

橘色肯尼布（表前後）＝ 24×42.5cm×2 片（參紙型）
橘色肯尼布（表側）＝ 20×37cm×2 片（參紙型）
橘色肯尼布（表側口袋）＝ 11.5×46cm×4 片（參紙型）
橘色肯尼布（袋口布）＝ 35×5cm×2 片
綠格防水布（裡袋）＝ 35×37cm×2 片（參紙型）
綠格防水布（裡拉鍊口袋）＝ 23.7×36cm×1 片
綠格防水布（裡口袋）＝ 20×17cm×1 片
提把織帶＝ 52×4cm×2 條
雙色塑鋼拉鍊＝ 20cm×1 條
彩色鉚釘＝ 4 組
布標＝ 1 片

※ 作法重點

1. 肯尼防潑水和防水布車縫技巧，兩者都較無彈性，不耐拆，裁剪縫製過程要謹慎小心。
2. 防水布縫製過程，可以用紙膠帶協助固定工作。
3. 表裡袋的袋型不相同，也是值得一試的包款。

How to make

>>Step1　裁剪

依照紙型和用布尺寸裁剪。肯尼布和防水布裁剪時容易滑動，可以使用防逃剪刀。

>>Step2　表側和表側口袋製作

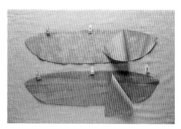

1　表側口袋布共計四片，兩兩一組正面對正面，強力夾固定「前中心」一側。

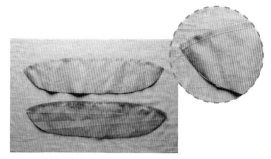

2　車縫「前中心」。

3　縫份撥開，在正面車縫線的左右各自車縫壓線（離車縫線 0.2cm）。

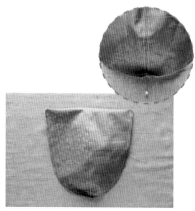

4　口袋長邊對折，縫份 0.7cm 車縫 U 型。

5　表側正面朝上。

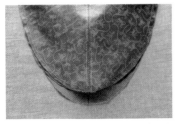

6　表側底正面標示中心記號
　　點和側口袋底中心兩者對
　　齊。

7　兩者強力夾固定一圈（留
　　意兩邊要等高）。

8　縫份 0.7cm，車縫 U 型。

>>Step3　表袋前後製作

9　取一片表前標示中心記號
　　點，離上緣中間位置 7cm，
　　用布專用雙面膠帶固定布
　　標。

POINT
肯尼布無法用熨斗熨燙
布標。

10　離布標邊緣 0.1cm 車縫布
　　標。

11　兩片袋身前後正面對正
　　面，強力夾固定兩者袋底。

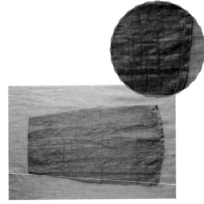

12　車縫袋底。

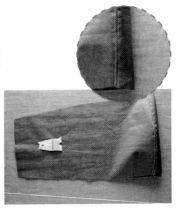

13　縫份撥開，在正面袋底車
　　縫線的左右各自車縫壓線
　　（離車縫線 0.2cm）。

>>Step4　表袋身結合

14 表前後和袋側（側口袋）正面對正面，表前後的袋底車縫線和表側底部的中心點對齊，強力夾固定 U 型，車縫；另一邊也是相同方法。

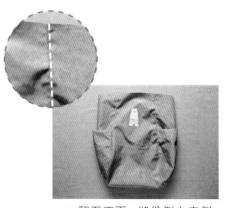

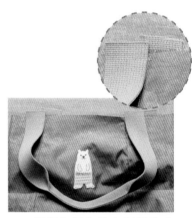

15 翻至正面，縫份倒向表側，離車縫線 0.2cm 車縫壓線在表側上。

>>Step5　提把和表袋結合

16 提把織帶標示中心點，中心點的左右 8cm 也標示記號點，織帶對折 16cm 用強力夾固定。

17 離邊 0.2cm 車縫織帶對折範圍，另一條織帶也是相同方法。

18 提把內側和袋身與側的車縫線一致，提把兩端多出袋口 1cm，縫份 0.5cm（袋身）車縫固定。

>>Step6　裡口袋製作

（表）

19 裡口袋布袋口往正面折兩次 0.7cm，離邊 0.1cm 車縫壓線。

20 裡口袋三邊往裡折 1cm（袋口除外），在裡袋身的正面，離袋口 10cm 中間位置放上裡口袋（兩者中心對齊），珠針固定口袋三邊，離邊 0.2cm 車縫口袋三邊。

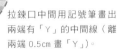

拉鍊口中間用記號筆畫出
兩端有「Y」的中間線（離
兩端 0.5cm 畫「Y」）。

21　拉鍊口袋布的背面離上緣
2cm，在中間處用記號筆畫
一個 20.7×1cm 的長方形
拉鍊口；裡袋身正面朝上，
拉鍊口袋布正面朝下且離
裡袋身上緣 4cm（兩者正
面對正面，中心對中心），
可以用紙膠帶固定兩者。

22　兩者一起車縫 20.7×1cm
拉鍊口一圈；先用拆線
刀沿著中間線劃出一小開
口，再用小剪刀沿著畫線
剪至兩端的 Y，剪 Y 時，
留意不能剪到車線，需離
車線 0.1cm；整理拉鍊口
四周的縫份，再將拉鍊口
袋布塞進拉鍊口至裡袋身
的背面。

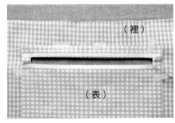

POINT

黏貼拉鍊時，請先撕拉鍊
口上緣的膠帶，待上緣拉
鍊黏貼好後，再撕下緣。

23　在裡袋身的背面，再一次
整理好拉鍊口（防水布無
法用熨斗整燙），拉鍊口
的上下貼上布用雙面膠帶

24　拉鍊正面和袋身正面同一
面，拉鍊齒離拉鍊口約
0.3cm，拉鍊頭尾的鐵片要
在拉鍊口內，黏貼妥拉鍊，
離邊緣 0.2cm 車縫拉鍊口
一圈。

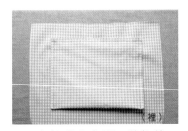

25　在裡袋身背面，將拉鍊口
袋布往上對折，拉鍊口袋
布三邊車縫（縫份 0.7cm）。

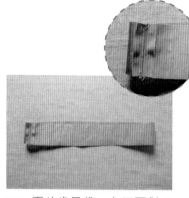

>>Step8　裡袋身結合

26　兩片裡袋身車縫袋角，請參考 P58。

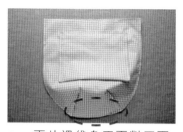

27　兩片裡袋身正面對正面，袋角的縫份左右錯開平均厚度，強力夾固定，車縫袋身 U 型（袋口不車），唯袋底留 13cm 返口不車。

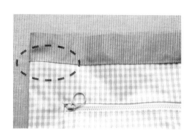

28　兩片肯尼袋口布正面對正面，兩端車縫，縫份撥開，在正面車縫線的左右車縫壓線（離車縫線 0.2cm）。

29　袋口布和裡袋身正面對正面，強力夾固定，車縫袋口。

30　縫份往袋口布方向倒，離車縫線 0.2cm 車縫壓線在袋口布上。

>>Step9　表裡袋結合

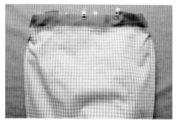

31　表裡袋正面對正面套入（裡袋背面朝外，表袋正面朝外，表袋放進裡袋內），強力夾固定兩者袋口。

32　車縫袋口一圈。

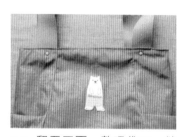

33　翻至正面，整理袋口，縫份 0.5cm 車縫壓線袋口一圈；在表袋上，提把寬度中間且離袋口 1cm，標示彩色鉚釘打洞位置，釘上鉚釘，請參考 P21；裡袋底返口以對針縫縫合，請參考 P31。

Part 3
有底包型也難不倒你喔

08 >>How to make

Lesson8 >> 抓底的兩種技巧

抓底短把包

▲成品尺寸＝ 35×26 公分

××××××××××××××××××××

利用一塊同時拼有多種花色的布料，就能
依剪取的位置不同，得到想要的配色；這
款布提把中間以對摺的方式製作，更好拿
握；加了底板，即使裝了很多東西也不會
有袋子變形的困擾囉。

布料素材

棉麻布（表布）＝ 37×38cm×2 片（參紙型）☆
咖啡帆布（裡布）＝ 37×29cm×2 片
咖啡帆布（提把）＝ 30×14cm×2 片☆
咖啡帆布（底板布）＝ 46×13.5×1 片
黃格棉麻布（裡拉鍊口袋）＝ 18.7×34cm×1 片☆

拉鍊＝ 15cm×1 條
塑膠底板＝ 11.5×22cm×1 片

How to make

※ 作法重點

1. 增加握感強度的布提把作法。
2. 如何做出有拉鍊的內口袋。
3. 袋角製作的兩種方法：直接
   抓底，工字型底。
   ※ 但工字型袋底如製作過程中想
   要改變，只能將袋底抓大，無法
   變小。
4. 袋底底板製作。

>>Step1　裁剪、燙襯

請參考 >>> P38

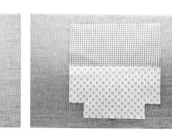

1　裁剪表布兩片並燙上布襯。

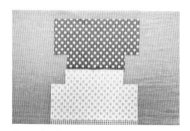

2　底邊相對。

剪布的小訣竅

因為是多花色的布料，所以
剪布時要格外注意花色在布
上的位置，像這邊裁剪的兩
片表布，正好是兩種組合的
對應，相接時只要對準成品
就會很漂亮；如果想要做出
不規則的效果，則可試試不
同區塊的選取方法。

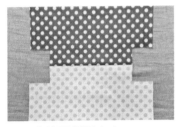

3　底邊面對面車合。

4　縫份燙開，左右車縫壓線。

POINT

在袋底車縫處兩側各壓一
道線，袋底挺度會更好。

5　車縫兩側邊，縫份燙開。

6　翻至正面，左右側邊車縫
壓線。

7　側邊車縫線和袋底車縫線
壓扁對齊，車縫袋角。

8　翻至正面。

>>Step3　製作裡袋的拉鍊口袋

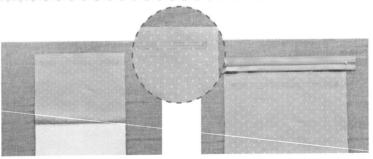

9　拉鍊口袋布一半燙上布
襯；不燙布襯的另一半
離上緣 2cm 處，置中畫出
15.7×1cm 的長方形拉鍊
口。

10　準備 15cm 拉鍊一條，拉
鍊的長度（兩端鐵片的距
離）要大於或等於布寬。

POINT

如果拉鍊長度小於布寬，
製作過程中比較容易車縫
到拉鍊，會使裁縫機容易
斷針。

11 將拉鍊口袋布面對面放置
於離裡布布邊上緣 3cm 的
位置。

12 車縫拉鍊口一圈（裡布和
口袋布一起），並利用拆
線刀沿著中間線劃出一小
開口。

13 再用剪刀剪開，兩端剪牙
口ㄚ字型。

14 整理拉鍊口四周的縫份，
將口袋布塞入裡布的背
面。

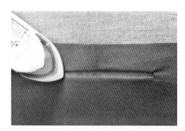

15 整燙出長方形拉鍊口。

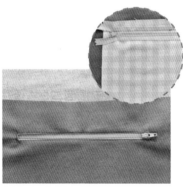

另一面的樣子。

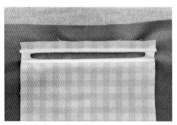

16 拉鍊口背面上下兩側都貼
上布用雙面膠帶。

17 正面離拉鍊口 0.2cm 車縫
一圈。

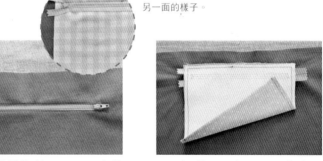

18 裡袋正面朝下，口袋布往
上對摺，車縫口袋一圈。

POINT

※ 貼合好拉鍊後，試著拉拉看
是否拉動順暢，再做位置的
適當調整。
※ 此時記得換上拉鍊壓腳，拉
鍊壓腳比一般壓腳窄，更能
貼近拉鍊，車合服貼。

19　裡布兩片面對面車合凵字型，底邊留適當返口不車。

20　側邊車縫線和袋底車縫線壓扁對齊，珠針固定。

21　畫出 12cm 的記號線，並依記號線車縫一道。

22　剪去袋角（縫份 1cm）。

23　表裡袋面對面套入（請參考 P43），車合袋口一圈，翻至正面，裡外袋拉直整燙袋口。

24　表袋往裡摺入 3.5cm，整燙，袋口離折邊 0.5cm 壓縫一圈。

>>Step5　提把製作

25　提把布四邊內摺 1cm，一半燙上布襯。

POINT

帆布較厚，所以只需一半燙布襯。

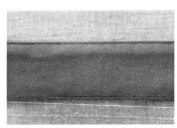

26　長邊再對摺，兩側邊皆壓線。

27 提把中間壓扁，壓線 10cm。

28 提把內緣離袋口中心 3.5cm，提把下緣離袋口 2.5cm，車縫提把至袋身。

> **車縫重點**
> 提把要車出如圖形車線，不僅有裝飾效果，更是加強提把承重力的關鍵。

>>Step6 底板製作

29 底板布對摺。

30 準備的塑膠板三邊要比布對摺後少 1cm，塑膠板四個角剪圓。

31 布車縫 L 邊，一短邊不車，翻面，放入塑膠板，返口對針縫縫合。

32 將底板放入袋子即完成。

延伸款.

作法 >>> P129

袋口裝上銅環，能營造時髦感，細長
型皮革更是設計重點，如將提把換成
鈕環式做法，還能隨意改變鈕帶的位
置呢。

延伸款.

作法 >>> P129

用藍白格霧面防
水布做個單提袋，
讓水壺也有個專
屬袋。

延伸款.

作法 >>> P130

漂亮的灰藍色棉麻布，再以皮做把
手，自然的微皺感，讓這款大包充
滿優雅的雜貨風味；一小片蕾絲更
是恰如其分的點綴。

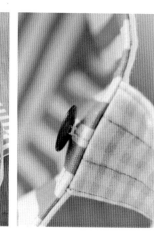

延伸款.

作法 >>> P131

鮮豔的配色，最適合裝入滿滿的食物野餐去，方底的寬版設計，好放也好拿，加上一條棉繩，能稍微固定不讓物品滾出來。

延伸款.

作法 >>> P128

將織帶直接固定在袋子上，延伸成為提把，是托特包的基本款式，這款設計也能增加提重的牢固力。

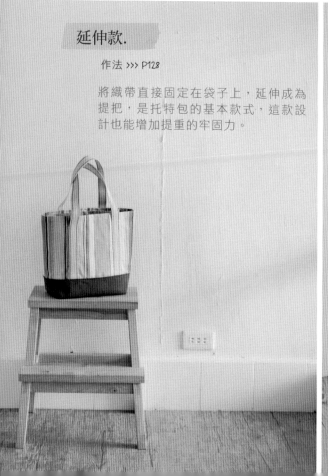

延伸款.

作法 >>> P127

混搭各種素材，能迅速為包包創造個性，皮革、鉚釘加上布料的搭配，立刻就讓手作包質感顯得更豐富。

MER

midi :Ka

08 >>How to make

Lesson8 >> 延伸款 7

雨傘布購物收納袋

▲成品尺寸＝ 58×49 公分（不含提把）

× ×

普普風的雨傘布做成的購物袋，即使平常出門使用也具
有時尚感，可以捲起收納更方便攜帶。

布料素材

雨傘布（袋身）＝ 60×105cm×1 片
雨傘布（裡口袋）＝ 20×45cm×1 片
藍色肯尼布（提把）＝ 58×14cm×2 片
藍色肯尼布（四合釦布）＝ 10×10cm×2 片
人字織帶＝ 15×2.5cm×1 條
鬆緊帶＝ 18×1cm×2 條
彩色四合釦＝ 1 組

※ 作法重點

1. 雨傘布不耐拆，裁剪縫製過程要謹
   慎小心。
2. 雨傘布縫製過程，可以用強力夾協
   助固定。
3. 袋口鬆緊帶製作較有難度。

How to make

>> Step1　裁剪

依照紙型和用布尺寸裁剪。肯尼布和防水布裁
剪時容易滑動，可以使用防逃剪刀。

>>Step2　提把製作

1　提把布的兩長邊往裡折 1cm。

2　短邊再對折。

3　兩長邊離邊 0.2cm 車縫壓線。

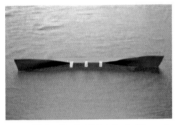

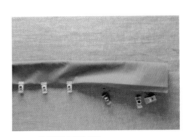

4　提把長度標示中心點，中心點的左右 8cm 也標示記號點，提把對折 16cm 用強力夾固定。

5　離邊 0.2cm 車縫織帶對折範圍，另一片提把布也是相同方法。

>>Step3　四合釦布製作

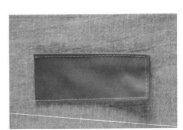

6　四合釦布三邊皆往裡折 1cm。

7　再對折。

8　離邊 0.2cm 車縫三邊，另一片四合釦布也是相同方法。

手作包不失敗的14堂課

>>Step4　袋身製作

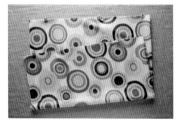

9　袋身布長邊（105cm）背面對背面對折（正面朝外），強力夾固定兩側邊。

10　縫份 0.5cm 車縫兩側邊。

11　翻至背面，再以縫份 0.7cm 車縫兩側邊。

12　以上的作法，即可以將布邊包覆住。

13　在背面，兩袋底角分別畫出 10cm 的正方形（留意側邊是以車縫線為基準）。

14　袋底角依畫線剪去 10cm 的正方形。

15　在袋身正面，袋底對折邊用剪刀剪小缺口（深度0.3cm）記號，當作袋底中心點，袋側和袋底中心點對齊（袋角做壓扁狀）。

16　縫份 0.5cm 車縫袋角。

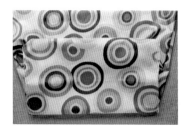

17　另一袋角也是相同方法。

18　翻至背面，再以縫份 0.7cm 車縫袋角。

>>Step5　裡口袋製作

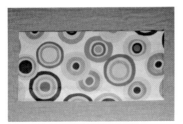

19　裡口袋布

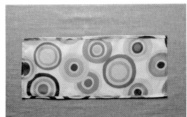

20　三邊（一短邊沒有）皆往裡折 0.7cm 兩次，離邊 0.1cm 車縫壓線。

21　口袋布離（不折邊）上緣 5cm 標示記號點，長邊往上折至記號點處，形成一個口袋；在一側邊的袋口下緣 1cm 放入對折的織帶（深度 1cm），用強力夾和珠針固定。

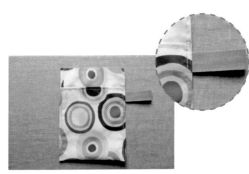

22　口袋兩側邊車縫兩道線，第一次離外邊 0.2cm，第二次重疊在之前折邊的車縫線上。

>>Step6　袋口製作

23　在袋身的正面，袋口標示前後中心記號點，四合釦布的中心對齊袋口中心點，縫份 1cm 車縫固定兩片四合釦布；袋口中心點的左右 9cm 為提把的內側，縫份 1cm 車縫固定兩個提把。

24　再選擇一片袋身正面，縫份 1cm 車縫固定裡口袋（裡口袋正面朝下，中心點對齊袋口中心點）。

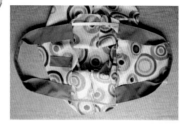

25 袋口側邊的鬆緊帶一端來回車縫（縫份1cm）固定在提把外側的正下方（袋身裡面，離袋口 1.5cm）。

26 另一端來回車縫（縫份1cm）固定在對面提把的外側正下方（袋身裡面，離袋口 1.5cm），另一條鬆緊帶也是相同方法。

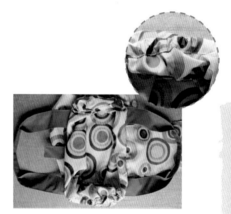

POINT

雨傘布不易用記號筆做記號，材質又容易滑動，以及有鬆緊帶的關係，以上原因使得縫製過程不易，所以需要準備一支短的直尺，量一小段車一小段。

27 袋口往裡折 1cm，可用強力夾固定，再折 2.5cm（提把往裡袋倒）。

28 離邊 0.2cm 車縫一圈。

29 提把往上提，加強車縫長方形打叉固定。

30 四合釦布離端點 2cm 標示打洞位置，釘上彩色四合釦，請參考 P23。

3 1　裡口袋拉至袋口外面，口
　　袋正面朝上，兩提把往下
　　放在袋身最上面，袋側往
　　袋中間折至和口袋同寬。

3 2　另一側邊也是。

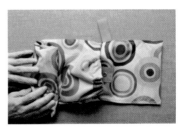

3 3　袋身從袋底往口袋方向收
　　捲。

3 4　整個袋身收入口袋。

3 5　可收納購物袋，完成。

Lesson9 >> 側邊加底的立體作法

立體有底口袋包

▲成品尺寸＝ 38×21 公分

××

這款為另一種有底包的作法，以側邊布片接合做出袋子的深度，能表現圓弧形的袋身；表布則使用了兩種布料，大小片的接合設計，正好能做出方便的隱形外口袋。

布料素材

花柄棉麻布（表袋＝ 33×24cm×2 片（參紙型）☆
淺紫色棉麻布（表袋口袋）＝ 33×14cm×2 片（參紙型）☆
淺紫色棉麻布（表袋側邊）＝ 22.5×11cm×2 片☆
淺紫色棉麻布（表袋底邊）＝ 32×11cm×1 片☆
淺紫色棉麻布（提把）＝ 36×16cm×2 片☆
鐵砂色亞麻布（提把飾布片）＝ 6.5×4cm×4 片
灰色亞麻布（裡袋）＝ 33×24cm×2 片（參紙型）☆
灰色亞麻布（裡袋側邊）＝ 22.5×11cm×2 片☆
灰色亞麻布（裡袋底邊）＝ 32×11cm×1 片☆

※ 作法重點

1. 立體側邊的作法。
2. 以車線做出口袋分隔。
3. 貼布款的提把製作。

How to make

>>Step1　　裁剪、燙襯

請參考 >>> P38

>>Step2　　表袋口袋製作

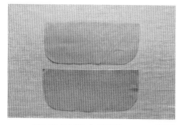

1　表袋口袋布兩片，一片燙上布襯。

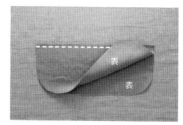

2　兩片口袋布正面對正面車縫上緣。

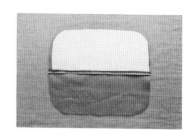

3　縫份燙開。

POINT

外口袋布是否加布襯，通常可依使用的布料或款式來決定。

4 袋口壓線。

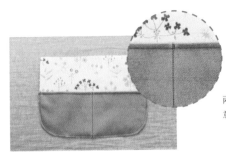

5 口袋和表布一片車縫U字型（縫份0.7cm），並在口袋中間車縫兩道車線，兩道車線距離約0.1～0.2cm。

兩道車線有加強耐用的意義。

>>Step3　側邊製作

6 側邊和底邊布共三片，燙上布襯。

7 將三片車合，縫份燙開。

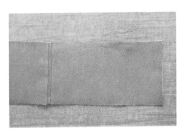

8 車縫線左右兩邊都壓線。

>>Step4　袋身接合

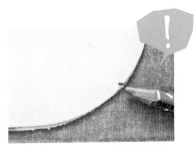

9 在表布的背面標上紙型上相對的記號。

10 側邊布也標出底部中心點及側角兩點。

11 車合袋身布及側邊布時，請將袋身布放在側邊布的上方。

POINT

兩片布車合時，有弧度的布需放在上面，成品弧度會車得比較漂亮。

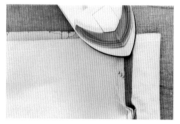

12 車合 U 字型。

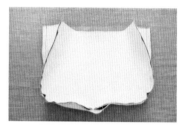

13 另一片袋身布和側邊布也車合 U 字型。

14 在弧處適當剪幾刀牙口。

15 燙開縫份。

16 裡袋的袋身和側邊布也是相同方法，唯有一邊底部需留適當返口不車。

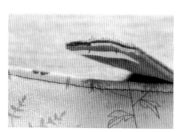

17 表裡袋面對面套入（請參考 P43），車縫袋口一圈。

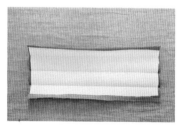

18 翻至正面，表裡袋拉直，整燙袋口。

19 袋口壓線一圈。

>>Step5　提把製作與接合

20 將兩片提把布 36×16cm，燙上布襯 35×14cm（布襯尺寸四邊都需少布 1cm）。

21 提把布兩長邊往裡四等份摺，並且車四道車線。

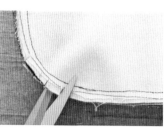

22 提把兩端貼上布用雙面膠帶來固定。

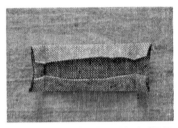

23 離側邊車縫線 5cm 依照紙型所標的位置貼上提把。

24 提把飾布片長邊先摺入 1cm，再將短邊摺入 1cm。

25 四周貼上布用雙面膠帶。

你也可以這樣做

如果手邊沒有布用雙面膠，強力夾也是個輔助固定的好用小道具。

26 將提把布片貼在提把上。

27 車縫提把布片一圈。

28 因為使用了布用雙面膠帶固定，所以不會有暫時車縫線；最後縫合裡袋返口，完成。

延伸款.

作法 >>> P134、135

色彩濃厚的毛料材質，做出了非常具有溫暖感的小提袋；因為布料本身緊密，因此不需處理布邊也無妨，刻意外露的車線剛好表現雙層疊色。

帆布無內裡包

▲成品尺寸＝ 39×30 公分

× ×

帆布的材質與粗獷紋路深受許多人喜愛，
無裡袋的帆布袋沒有複雜的結構，使用起
來更輕鬆，這是一款每天出門都會第一個
想使用的包款。

布料素材

灰色帆布（袋前後）＝ 34×32cm×2 片（參紙型）
灰色帆布（袋左右側）＝ 13×36cm×2 片
灰色帆布（袋底）＝ 24×13cm×1 片
灰色帆布（袋口布）＝ 41×5.5cm×2 片
灰色帆布（提把外）＝ 36×6cm×2 片
灰色帆布（裡口袋背布）＝ 19.5×21cm×1 片（參紙型）
紅白條紋薄帆布（提把內）＝ 36×6cm×2 片
紅白條紋薄帆布（裡口袋）＝ 19.5×32cm×1 片（參紙型）
人字織帶織帶＝ 230×2.5cm×1 條
彩色鉚釘＝ 4 組
布標＝ 1 片

※ 作法重點

1. 沒有裡袋的袋物布邊處理方法。
2. 人字織帶包邊學問。
3. 帆布較厚實，車縫過程可用強力夾
   協助固定。
4. 兩片布製作提把的方法。

How to make

>>Step1　　裁剪

依照紙型和用布尺寸裁剪，帆布材質較厚實，
請使用銳利的剪刀剪裁。

>>Step2　　袋側製作

I　一片袋底布和兩片袋側
布。

2　袋底布的背面兩側離布邊
2cm 用記號筆畫線。

3　袋底的兩端和袋側正面對
正面，強力夾固定。

4　依照記號線車縫袋底和袋
側。

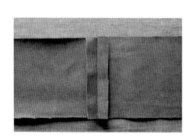

5　縫份撥開。

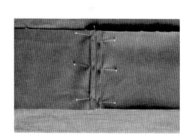

6　縫份各自往外往裡（下）
折入 1cm，珠針固定。

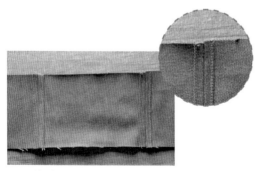

7　離邊 0.2cm 車縫壓線。

8　取一片袋身正面中間位置
離袋口 6cm，縫份 0.2cm 車
縫上布標（用布用雙面膠
帶固定）。

9　袋底和袋身底部皆標示中
心點，兩者正面對正面中
心點對齊，珠針固定。

10　強力夾固定袋身和袋側 U
型。

11　車縫 U 型。

12　在背面，離袋口 3cm 用人
字織帶（以下簡稱織帶）
包覆上一步驟車縫的布
邊，織帶邊緣比車縫線多
0.1cm，可用強力夾輔助固
定。

用織帶包邊的
車縫技巧

1. 速度要放慢，強力
夾固定一小段，然後車
縫一小段。
2. 布邊和織帶對折處
要緊密貼合。
3. 正面織帶邊緣比車
縫線多 0.1cm，不能超
出太多。

13　車縫 U 型。

14　同樣的方法，車縫另一片
袋身。

>>Step4　裡口袋製作

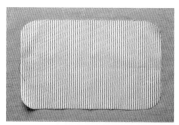

15　裡口袋布。

16　口袋布對折（正面朝外），
　　縫份 1cm 車縫 U 型。

17　口袋背布（正面朝上）放
　　上口袋布。

18　縫份 1cm 車縫 U 型。

19　裡口袋布邊包覆織帶，車
　　縫 U 型。

>>Step5　提把製作

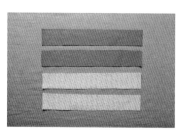

20　兩片提把外布和兩片提把
　　內布。

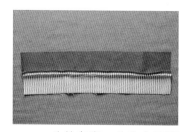

21　一片外布和一片內布正面
　　對正面車縫一長邊（縫份
　　0.7cm），縫份撥開。

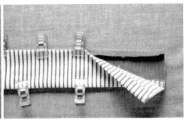
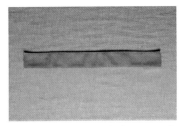

22 提把內布往內推 0.1cm（比帆布小 0.1cm）；另一長邊帆布往內折入 0.7cm，內布則往內折 1cm，強力夾固定。

23 外布朝上，離邊 0.2cm 車縫壓線兩長邊。

>>Step6　袋口製作

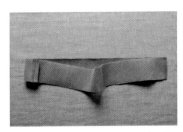

24 兩片袋口布。

25 正面對正面，兩端車縫，縫份撥開。

26 在正面離車縫線 0.2cm，左右車縫壓線。

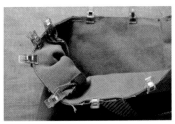

27 在袋身正面，標示袋口中心點，中心點的左右 6cm 做為提把的內側，縫份 1cm 車縫固定提把。

28 袋側標示中心記號點，袋口布的側邊車縫線和袋側中心記號點對齊，袋口布和袋身正面對正面，強力夾固定一圈。

29 袋側的縫份記得撥開。

30　車縫袋口一圈。

31　縫份撥開，整理袋口。

32　袋口壓線一圈（縫份 0.5cm）。

33　沒有車縫布標的袋身的袋口布下緣正面標示中心記號點，和裡口袋（背面朝上）的中心點對齊。

34　縫份 1cm 車縫固定袋口布下緣和裡口袋。

35　裡口袋正面朝上，放入裡袋；袋口布下緣折入 1cm，兩邊的包邊織帶皆往袋側方向倒，用長短強力夾固定袋口一圈。

36　背面朝上，離袋口布下緣邊 0.2cm 車縫袋口布和袋身一圈。

37　在正面，提把寬度中間且離袋口 2cm，標示彩色鉚釘打洞位置，釘上鉚釘，請參考 P21。

延伸款.

作法 >>> P133

從側面延伸、一氣呵成的寬版提帶，
非常俐落，開口僅以皮帶簡單穿過，
十字型的呈現也是設計的一部分。

延伸款.

作法 >>> P132

10 >>How to make

點點雙色散步包

▲成品尺寸＝ 40×45 公分

× ×

大點點跟小點點的經典配布，加上簡單的
不敗款式，是個可以輕鬆做好、開心提去
散步的好袋；為了外觀更漂亮，車縫提把
弧度時得專心一些，才能做出這個款式的
流暢感喔。

布料素材

水玉棉麻布（表袋）＝ 40×45cm×2 片（參紙型）☆
水玉棉麻布（裡袋）＝ 40×45cm×2 片（參紙型）☆
水玉棉麻布（口袋）＝ 14×14cm×2 片（參紙型）☆
布襯

※ 作法重點

雙邊提把如何接合。

How to make

>>Step1　　裁剪、燙襯

請參考 >>> P38

>>Step2　　表袋身製作

1　表袋兩側邊車合。

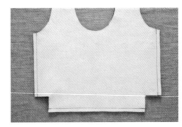

2　底部車合。

3　側邊車縫線和底部車縫線
對齊壓扁，車出袋角（請
參考 P72）。

>>Step3　裡袋身製作

4　利用剪裡布所剩下的布製作一個口袋（請參考P38），車縫至裡布的適當位置。

5　裡布兩片車合，車合方法和表袋相同，唯底部留適當返口不車。

>>Step4　表裡袋結合

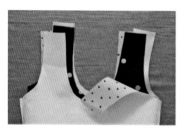

6　表裡袋面對面套入。

7　車合兩外側邊的U，並剪牙口。

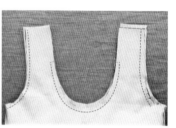

8　分別車合前後片的U，唯留兩端10cm不車，並剪牙口。

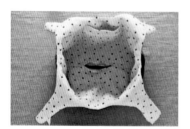

9　翻至正面。

10　同一片布的提把兩端面對面車合。

11　對針縫（請參考P31）縫合提把的留口。

12　整燙，三個袋口都壓線（縫份0.5cm），縫合裡袋返口（請參考P31），完成。

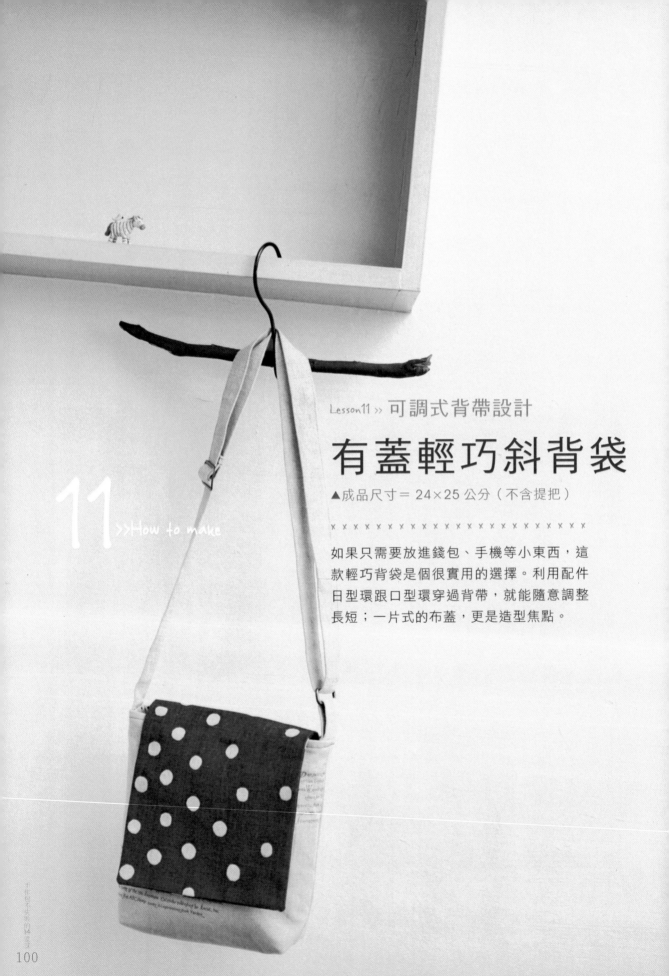

Lesson11 >> 可調式背帶設計

有蓋輕巧斜背袋

▲成品尺寸＝ 24×25 公分（不含提把）

✕ ✕

如果只需要放進錢包、手機等小東西，這
款輕巧背袋是個很實用的選擇。利用配件
日型環跟口型環穿過背帶，就能隨意調整
長短；一片式的布蓋，更是造型焦點。

11 >>How to make

布料素材

文字棉麻布（表袋袋身）＝ 26×26cm×2 片☆
文字棉麻布（裡袋口袋）＝ 20×17cm×2 片
水玉棉麻布（裡袋袋身）＝ 26×50cm×1 片☆
大水玉棉麻布（蓋布）＝ 19×22cm×2 片（參紙型）☆
素亞麻布（日型環背帶）＝ 65×7.5cm×2 片☆
素亞麻布（口型環背帶）＝ 10×7.5cm×1 片☆
日型環＝ 1 個
口型環＝ 1 個

※ 作法重點

1. 蓋布與袋子的接合。
2. 如何做出一條長背帶。
3. 日、口型環的穿帶製作。

How to make

>>Step1　　背帶製作

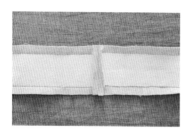

背帶布兩片各自燙上布襯，布襯長邊
內縮 1cm，兩片一端車合；兩長邊往裡
摺 1cm，再對摺，縫份 0.2cm 車合長邊，
另一邊也車縫壓線（口型環背帶製作方
法相同）。
（背帶成品寬度約 2.7cm）

>>Step2　　表裡袋身製作

2　兩片表袋布燙上布襯（請
　參考 P38.）。

3　面對面車凵字型。

4　車縫袋角 6cm（請參考
　P74）。

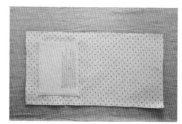

5　裡袋布一片燙上布襯，車縫上
　口袋（請參考 P38），裡袋布
　對摺，車合兩側邊，但有一側
　邊需留適當返口不車；車縫袋
　角 6cm（請參考 P74）。

>>Step3　蓋布製作

6　兩片蓋布燙上布襯，面對面車ㄩ字型，弧處剪牙口。

7　翻至正面，整燙。

8　蓋布和袋身，標上中心點記號，面對面車縫（縫份0.7cm）。

>>Step4　日口型環穿法

9　準備日口型環一組，用來調整背帶。

10　口型環背帶穿入口型環，對摺，車縫（縫份0.7cm）。

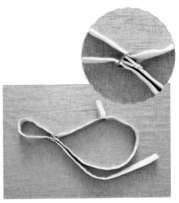

11　長背帶穿入日型環。

>>Step5　日口型環穿法

12　背帶車縫至袋子兩側邊的車縫線處（縫份0.7cm）。（留意背帶方向性，背帶日型環正面和袋身正面相對）。

13　表裡袋（背帶需置入兩者之間）面對面套入，車合袋口一圈。

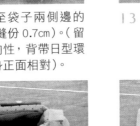

14　翻至正面，整燙袋口。

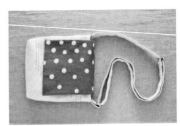

15　縫合裡袋返口，完成。

延伸款.

作法 >>> P136

一塊多花色的布料，在這個包款上
有了最多用的設計，開口無論往前
翻、往後翻都可以，稍微將袋口外
摺又是另一種花樣。

12 >>How to make

Lesson12 >> 進階款橢圓底

紅格紋穿繩包

▲成品尺寸＝ 30×25 公分

× ×

抓摺的樣式，有著蛋形的可愛模樣，熟練
抓摺技巧就能跟袋底漂亮接合，鮮艷的格
紋與條紋布，加上棉繩提把設計，剛剛好
的俏皮，無論何時都能成為焦點。

布料素材

紅格棉麻布（表袋袋身）＝ 60×30cm×2 片（參紙型）☆
紅格棉麻布（袋底）＝ 30×30cm×1 片（參紙型）☆
線條棉麻布（裡袋袋身）＝ 60×30cm×2 片（參紙型）☆
線條棉麻布（袋底）＝ 30×30cm×1 片（參紙型）☆
棉繩＝ 100cm×1 條
雞眼釦＝ 8 組
織帶＝ 6cm×1 條
問號鉤＝ 1 個
布襯

袋裡夾入釦環，能方便吊掛鑰匙等小物。

※ 作法重點

1. 如何在紙型上標註結合點。
2. 橢圓底與袋身的結合技巧。
3. 袋身抓摺的方法。
4. 雞眼釦的作法。

>>Step1　裁剪、燙襯

請參考 >>> P38

POINT

袋底布取斜格剪裁，更能
營造活潑風味，效果很好。

>>Step2　袋身抓摺

1　布上依照紙型標上記號
　　點，A1 往 A2，A3 往
　　A4，…A9 往 A10 兩兩重
　　疊車出抓摺，另一邊也是
　　相同作法。完成兩片表布
　　的車摺。

2　車合兩片表布的側邊（車
　　合時，可在靠近袋底處夾
　　入一小段對摺織帶，有裝
　　飾效果）。

3　燙開側邊車縫份。

4　裡布也是抓摺，車合兩側
　　邊，一側邊需留適當返口
　　不車。

你也可以這樣做

車合裡袋側邊時，可夾入織
帶和問號鉤，就能用來掛鑰
匙囉，是增加袋物的貼心小
設計。

>>Step3　袋身接合

5　袋底標上結合記號點。

6　注意一邊車要一邊對準記
　　號點，最後才能將圓底布
　　車合得剛剛好。

7　車合袋底一圈，袋底弧處
　　剪牙口。

8　翻至正面,整燙。

9　表裡袋面對面套入。

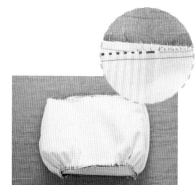

10　車合袋口一圈。

11　翻至正面,袋口整燙,側邊車縫處如果布料相疊很厚,可以使用槌子將布捶至紮實。

POINT

為了避免傷到布料,捶打時可以在布上墊一塊布保護袋子。

12　袋口壓縫一圈。

>>Step4　雞眼釦製作

13　參考紙型標上雞眼釦位置,袋身打洞。(雞眼釦製作方法請參考P21)

14　釘上雞眼釦。

15　對針縫縫合裡袋返口,袋口穿上棉繩一圈,棉繩兩端打結,完成。

Tips

可先試試喜歡的提把長度,再自行調整棉繩的用量。

延伸款.

作法 >>> P137

直接布條打結的穿環方式,
能自由改變提把的長短,也
能多做幾條花色來替換。

13 >>How to make

束口型圓筒包

▲成品尺寸＝18×26 公分

× ×

結合束口袋與圓筒包的款式，作法雖然稍
微複雜一些，卻是另一個必學袋型；袋口
處比束口布高了一點的設計，更能表現圓
筒包的立體感。

布料素材

素亞麻布（表袋）＝ 56×18cm×1 片☆
素亞麻布（表袋底）＝直徑 18cm 圓 ×1 片（參紙型）☆
素亞麻布（表袋袋口）＝ 56×4cm×1 片☆
素亞麻布（提把）＝ 35×10cm×2 片☆
條紋棉麻布（裡袋）＝ 56×16cm×1 片
條紋棉麻布（裡袋底）＝直徑 18cm 圓 ×1 片（參紙型）
條紋棉麻布（束口布）＝ 29×14cm×4 片
棉繩＝ 76cm×2 條
布襯

※ 作法重點

1. 束口袋的製作與應用。
2. 穿棉繩更方便的穿引器使用。

How to make

>>Step1　表袋裁剪、燙襯

請參考 >> P38

| 表袋布燙布襯。

2　表袋底燙布襯。

>>Step2　表、裡袋身接合

3　表袋身布長邊對摺，車合側邊，縫份燙開。

4　袋身和袋底分別標上四等份記號點。

POINT

不同形狀的布接合時，務必分別畫出等份記號，才容易對準車合。

5　袋身和袋底車合一圈。

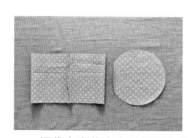

6　裡袋身和袋底也是相同方法接合，

7　唯袋身側邊需留適當返口不車。

>>Step3　提把製作和袋身接合

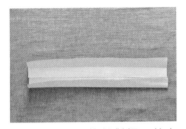

8　提把布四等份對摺，其中一等份燙上布襯。

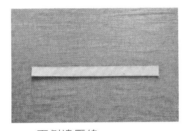

9　兩側邊壓線。

10　提把和袋身車合。

POINT

側邊車縫線當作後中心，兩提把的兩端內側皆離前後中心5cm。

>>Step4　束口布製作

11　束口布兩片正面對正面長邊車合，另兩片也是相同方法。

2.5
2.5

12　兩組車合側邊，但離車縫線的前後（左右）2.5cm不車。

13　翻至正面，整燙。

>>Step5　束口布和袋身接合

14　袋口布燙上布襯，兩短邊車合。

15　束口布和裡袋身以面對面的方式套入。（束口布兩側車縫線做為左右邊，裡袋身的側邊車縫線做為後中心，兩者標示四等份記號）

16　縫份0.7cm車合袋口一圈。

17 然後，再和袋口布面對面車合一圈。

18 車合時需留意袋口布和袋身兩者的車縫線對齊一致，整燙。

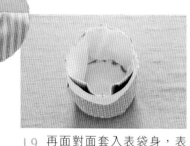

19 再面對面套入表袋身，表裡袋的車縫線對齊，兩側以珠針固定。

20 車合袋口一圈，翻至正面，整燙。

21 袋口布上壓線兩道。

22 離束口布上緣 25cm 壓線一圈。

>>Step6 棉繩穿引

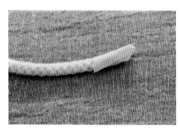

17 棉繩一端以紙膠帶繞緊。

18 穿引器從管道穿入，勾引棉繩。

20 一條棉繩繞束口布一圈，另一條棉繩則從另一側穿入一圈。

21 穿好兩條棉繩，同一側邊棉繩兩端打結，縫合裡袋返口（請參考 P31 對針縫），完成。

延伸款.

作法 >>> P138

上寬下窄的圓底包，搭上素雅布色，
很有大人風味，提把處以紐釦裝飾，
為另一增加質感的小設計。

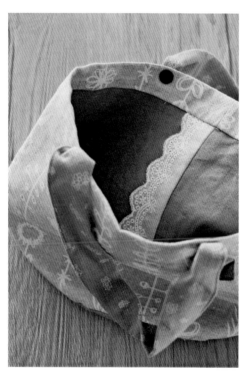

裡袋兩布相接處，加上一段寬版花邊，即有修飾作用。

因為鋪棉有厚度，車了裝飾線更
顯效果。

延伸款.

作法 >>> P139

大中小的置物籃，加了棉襯的蓬鬆
感非常可愛，不同花色的裡布及提
把作法，讓一式三件格外引人注目。

延伸款.

作法 >>> P138

1

2

3

14 >>How to make

Lesson14 >> 橫式圓筒包變化

波士頓包

▲成品尺寸＝ 30×18 公分

ｘｘｘｘｘｘｘｘｘｘｘｘｘｘｘｘｘｘｘｘｘ

與常見筒狀波士頓包略有不同，側邊蛋型
的設計，讓包款更有獨特的立體感；使用
了織紋緊密、布色沉穩的酒袋布，加上厚實
的提把，做出的包包有著低調耐用的質感。

※ 作法重點

1. 如何製作袋口拉鍊。
2. 立體側邊的作法。
3. 裡袋布邊包邊技巧。

布料素材

酒袋布（表袋袋身）＝ 33×27cm×2 片☆
酒袋布（表側邊口袋表）＝ 14×13cm×2 片（參紙型）☆
酒袋布（前口袋表）＝ 15×15cm×1 片☆
黃格棉麻布（前口袋裡）＝ 15×15cm×1 片
黃格棉麻布（表側邊口袋裡）＝ 14×13cm×2 片（參紙型）
咖啡帆布布（提把）＝ 75×9cm×2 片（長度可自行調整）

文字棉麻布（表側邊）＝ 14×21cm×2 片（參紙型）☆
水玉棉麻布（裡口袋）＝ 21×17cm×2 片

大格棉麻布（裡袋袋身）＝ 33×27cm×2 片☆
大格棉麻布（裡袋側邊）＝ 14×21cm×2 片（參紙型）☆
細格棉布（裡袋側邊包邊斜布條）＝ 60×5cm×2 片
塑鋼拉鍊＝ 30cm×1 條
布襯

How to make

>>Step1　提把製作

1　提把布兩長邊往裡摺入1cm，再對摺，兩長邊壓線（方法請參考P80）。

>>Step2　前口袋製作

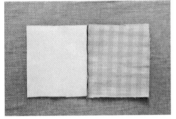

2　口袋表布燙布襯，和口袋裡布面對面車合上緣，縫份燙開。

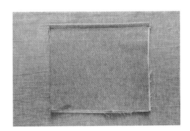

3　至正面袋口車縫壓線（縫份0.5cm）。

>>Step3　前口袋和表布接合

4　前口袋放置在表布中間，下緣貼齊置中，並且以珠針將提把固定在口袋兩側（提把外側距離袋身側邊7cm）。

20cm

7cm

5　車縫提把兩側邊，並離袋底往上車20cm，車ㄇ字型，另一片袋身也是相同方法。

手作包不失敗的14堂課

>>Step4　表袋側邊、側邊口袋製作

6　側邊口袋表布燙上布襯，和口袋裡布面對面車合上緣，縫份燙開。

7　至正面袋口車縫壓線。

8　表袋側邊布燙上布襯。

9　側邊布和側邊口袋組車合U字型（縫份 0.7cm），另一組也是相同方法。

>>Step5　表裡袋身和拉鍊接合

※ 裡袋布燙上布襯，再車縫上裡口袋（製作方法請參考 P38）

10　表裡布袋口和拉鍊三者標示中心點，拉鍊正反面貼上布用雙面膠帶，表裡袋身各一片將拉鍊夾在中間（注意三者的位置：裡布正面朝上和拉鍊背面黏貼，表布正面和拉鍊正面黏貼。），三者黏合，裁縫車需更換拉鍊壓腳，車縫三者，另一邊也是相同方法。

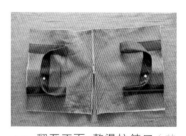

11　翻至正面，整燙拉鍊口（若使用塑鋼拉鍊，熨燙時請小心不要燙到拉鍊），縫份 0.3cm 壓縫拉鍊兩邊。

12　兩片表袋布袋底車合（留意袋底提把需對齊），兩片裡袋布袋底也車合，縫份皆撥開，翻至正面。

13　表裡袋背面對背面成一筒狀，兩側邊縫份 0.7cm 各自車縫一圈。

POINT

車合袋身和拉鍊時，如提把會妨礙到車縫工作，可以用珠針將提把固定在下方位置。

>>Step6　表裡袋身和側邊接合

1 4　裡袋側邊布燙上布襯。

1 5　側邊的表布和裡布背對背車縫一圈（縫份 0.7㎝），另一組也是相同方法。

1 6　袋身組和側邊組標上下記號點，珠針固定，車縫一圈（縫份 0.7㎝），另一邊也是相同方法。

>>Step7　側邊包斜布條

1 7　斜布條和裡袋側邊面對面。

1 8　斜布條起始點先往內摺 1㎝，結束點再和起始點重疊 1㎝，珠針固定，縫份 1㎝ 車縫一圈。

1 9　斜布條往裡摺再摺（四等份摺），斜針縫（請參考 P31）縫合包邊條和袋身，若使用裁縫車車縫，請參考 P28。

2 0　完成側邊包邊。

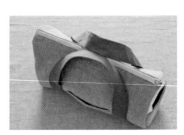

2 1　翻至正面，完成。

延伸款

Lesson2 »延伸款
扁包變有底包

▲成品尺寸＝ 33×37 公分

× ×

布料素材

線格棉麻布（表袋）＝ 35×38cm×2 片☆
淺紫棉麻布（提把）＝ 42×6cm×4 片
紫格棉麻布（裡袋）＝ 35×38cm×2 片
織帶＝ 20cm x 4 條，5cm x 2 條
布襯

How to make ×

1 裁剪表裡布時，保留布的原始布邊（布的短邊 35cm 方向）。

2 表布燙布襯，離布邊 1cm 不需燙布襯。（圖 a）

3 表袋布面對面車合兩側邊及底部，車合兩側邊時，兩邊離袋底 6cm 處各夾入 20cm 織帶 2 條；離袋底 2cm 處，兩邊則各夾入一條 5cm 的對折織帶（對折端朝內）。（圖 b）

4 裡袋兩片面對面車合側邊及底部。

5 提把布兩片一組，背對背，每隔 1.5cm 車縫一道，共計四道。

6 表裡袋背對背套入，離袋口 1cm，車縫袋口一圈。

7 袋口往外折 4cm（原始的布邊露在外面）

8 離側邊車縫線 6cm，提把置入裡袋，在裡袋車縫上提把。（圖 c）

a
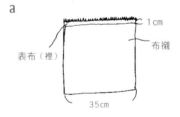

b
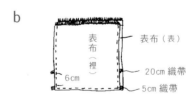

c

Lesson3-1 » 延伸款
提把束口袋

▲成品尺寸＝ 25×28 公分

×××××××××××××××××××××××

🧵 布料素材

藍格棉麻布（表袋）＝ 27×58cm×1 片☆
素亞麻布（裡袋）＝ 27×58cm×1 片
織帶（提把）＝ 28cm×2 條
棉繩＝ 76cm×2 條
布襯

How to make ××××××××××××××××××××××××××××××××

1 裁剪所需材料。

2 表袋布燙上布襯，離布正面側邊
9cm 車縫上提把，另一端也是相同
方法。（圖 a）

3 表布和裡布面對面、頭尾兩端車合。
（圖 b）

4 頭尾兩端車縫線調整至中間成為袋
口，車合兩長側邊，但離表袋口
2.5cm 處，需留 2cm 不車（棉繩管道
用），之後都車合；另一邊也是一樣，
但裡袋的一側邊留適當返口不車。
（圖 c）

5 表裡袋各自車袋角 6cm（請參考
P60），翻至正面，整燙。

6 離袋口 2.5cm、4.5cm 各車縫壓線一
道。

7 縫合裡袋側邊返口。

8 利用穿引器，分別從兩側邊將一條
棉繩引入管道一圈，兩條繩端各自
打結（請參考 P113），完成。

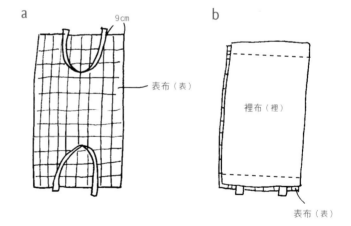

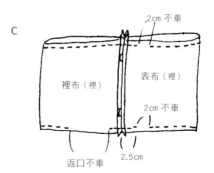

Lesson3-2 » 延伸款
口金款小提袋

▲成品尺寸＝ 19×17 公分

xxxxxxxxxxxxxxxxxxxxxxxx

布料素材

綠格棉麻布（表袋側）＝ 9×40cm×2 片☆
淺綠格棉麻布（表袋中間）＝ 10×40cm×1 片☆
小花棉麻布（表袋口袋表）＝ 10×22cm×1 片
素亞麻布（表袋口袋裡）＝ 10×22cm×1 片
素亞麻布（裡袋）＝ 24×40cm×1 片
蕾絲花邊＝ 10cm×1 條
鈕釦＝ 1 顆
口金夾＝ 12cm×1 組
問號鉤＝ 2 個
皮帶＝ 25cm×1 條
鉚釘＝ 2 組
布襯

a
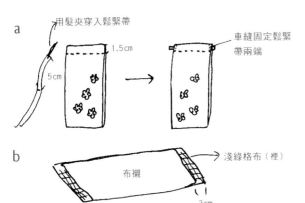

用髮夾穿入鬆緊帶
1.5cm
5cm
車縫固定鬆緊帶兩端

b
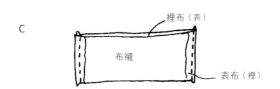

布襯
淺綠格布（裡）
3cm

c
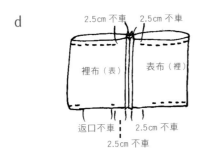

裡布（表）
布襯
表布（裡）

d

2.5cm 不車   2.5cm 不車
裡布（表）   表布（裡）
返口不車   2.5cm 不車
2.5cm 不車

How to make

1 裁剪所需材料。

2 外口袋表裡布面對面車合袋口。

3 翻至正面，袋口車縫一道寬 1.5cm 的管道，穿入 5cm 長的鬆緊帶，鬆緊帶兩端車縫固定。（圖 a）

4 淺綠格棉麻布燙上布襯（為了口金夾容易穿入，上下兩端離布邊 3cm 不燙布襯）。（圖 b）

5 淺綠格布和口袋兩者長邊標好中心點位置，車縫（縫份 0.7cm）口袋兩長側邊至淺綠格布上。

6 淺綠格布離上緣 3cm 位置車上織帶（織帶上緣往裡折 0.7cm）。

7 綠格布兩片都燙上布襯（為了口金夾容易穿入，上下兩端離布邊 3cm 不燙布襯）。

8 淺綠格布和綠格布面對面車合長側邊，另一側也是，兩側邊縫份皆往綠格倒，縫份 0.2cm 壓線在綠格上，完成表袋袋身接合。

9 表布和裡布面對面頭尾兩端車合。（圖 c）

10 頭尾兩端車縫線調整至中間成為袋口，車合兩長側邊，但離袋口左右（表裡袋）各 2.5cm 不車（口金夾穿入管道），另一邊也是一樣；並且需有一裡袋的側邊留適當返口不車。（圖 d）

11 表裡袋各自車袋角 4cm（請參考 P74），翻至正面，整燙。

12 兩端的口金夾穿入管道口，手縫壓線一圈。

13 離袋口 2.5cm 車縫壓線。

14 縫合裡袋返口。

15 穿入口金夾，插入另一端的鐵勾，利用尖嘴鉗工具，將鐵勾捲起固定。

16 皮帶兩端分別在 1cm 和 5cm 處打洞（請參考 P29），皮帶穿過問號鉤，兩洞釘上一組鉚釘。

17 將問號鉤勾在口金夾上。

18 外口袋縫上鈕釦，完成。

Lesson4 » 延伸款
三角底化妝包

▲成品尺寸 = 20×15 公分

✗✗✗✗✗✗✗✗✗✗✗✗✗✗✗✗✗✗✗✗

🧵 布料素材

格棉麻布（表袋上）= 22×13cm×2 片 ☆
水玉棉麻布（表袋下）= 22×14cm×1 片 ☆
素棉麻布（裡布）= 22×36cm×1 片
拉鍊 = 20cm×1 條
布襯

1 水玉棉麻布兩側各和一片格棉麻布車合，縫份燙開，燙上布襯。

2 兩道接合處車縫上織帶。

3 裁縫車換上拉鍊壓腳，表布和拉鍊面對面車合。（請參考 P49）

4 表布的另一短邊也和拉鍊的另一邊正面對正面車合，成一筒狀。

5 翻至正面，整燙，拉鍊兩邊壓線。

6 翻至背面，車合兩側邊，並且車縫袋角 5cm。（請參考 74）

7 裡布兩短邊往裡折 1cm。（請參考 P49）

8 裡布長邊對折，車合兩側邊。

9 裡袋車縫袋角 5cm。（請參考 P74）

10 表裡袋背對背套入。

11 斜針縫縫合裡袋和拉鍊口，完成。

✗✗✗✗✗✗✗✗✗✗✗✗✗✗✗✗✗✗✗✗✗✗✗✗✗✗✗✗✗✗✗✗✗

Lesson8-1 » 延伸款
前口袋鉚釘款

▲成品尺寸 = 23×23 公分

✗✗✗✗✗✗✗✗✗✗✗✗✗✗✗✗✗✗✗✗

🧵 布料素材

淺紫棉麻布（表袋）= 38×32cm×2 片 ☆
素亞麻布（裡袋）= 38×26cm×2 片
皮片（提把）= 35×4cm×2 片
皮片（外口袋）= 18×14cm×1 片（參紙型）
鉚釘 = 10 組
布襯

1 裁剪所需材料，表袋燙上布襯。

2 依紙型剪裁外口袋，在袋口車上兩道車線。

3 一片表袋正面中間離袋口 8cm 位置車縫上皮口袋，並且在袋口的左右釘上鉚釘（請參考 P21）。

4 兩片表布面對面車縫側邊和底部，並車縫袋角 6 cm（請參考 P74）。

5 裡袋也是相同方法，唯底部需留適當返口不車。

6 表裡袋面對面套入，車縫袋口一圈，翻至正面，整燙，表袋布往裡袋推 3cm，整燙，袋口壓線一圈。

7 縫合裡袋底返口。

8 離側邊 9cm 處，提把釘上鉚釘固定在表袋上，完成。

Lesson8-2 » 延伸款
雙色織帶款

▲成品尺寸＝40×30 公分

✕ ✕

布料素材

條紋棉麻布（表袋上）＝42×24cm×2 片☆
咖啡帆布（表袋下）＝42×31cm×1 片☆
土黃水玉棉麻布（裡袋）＝42×74cm×1 片
織帶 2.5cm 寬（提把）＝94cm×2 條
布襯

✕ How to make

a
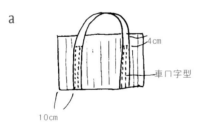

b

c

1 裁剪所需材料，表袋上下布都燙上布襯。

2 離表布上側邊 10cm 位置車縫上提把織帶，離袋口 4cm 不車，車ㄇ字型，另一片也是相同方法。（圖 a）

3 表袋上和表袋下面對面車縫，另一片表袋上也是相同方法。（圖 b）

4 縫份往袋底撥，整燙，在正面，車縫壓線在表袋下。

5 表袋身面對面對摺，車縫兩側邊（圖 c），縫份燙開，車縫袋角 14cm（請參考 P74）。

6 裡袋布面對面對摺，車縫兩側邊，縫份燙開，車縫袋角 14cm，唯一側邊需留適當返口不車。

7 表裡袋面對面套入，車縫袋口一圈，翻至正面，整燙，袋口壓線一圈。

8 縫合裡袋側邊返口，完成。

Lesson8-3 »延伸款
銅環皮帶款

▲成品尺寸＝ 42×23 公分

× ×

🧵 布料素材

橘亞麻布（表袋）＝ 44×29cm×2 片☆
大格棉布（裡袋）＝ 44×29cm×2 片☆
皮帶＝ 33cm×2 條
雞眼釦＝ 10 組
布襯

a

2.5cm
6.5cm
3cm
15cm

How to make

1 裁剪所需材料。

2 表裡布皆燙上布襯，2 片表布面對面車合側邊及底部，再車縫袋角 8cm（請參考 P74）。

3 裡袋也是相同方法，唯袋底需留適當返口不車。

4 表裡袋面對面套入，車合袋口一圈，翻至正面，整燙，再袋口車縫壓線一圈。

5 縫合裡袋底返口。

6 離袋口 2.5cm，釘上雞眼釦（圖 a）。

7 皮帶每隔 1cm 打洞，每一端共 3 個。

8 離表袋側邊車縫線 15cm 縫上提把，完成。

× ×

Lesson8-4 »延伸款
防水布水壺袋

▲成品尺寸＝ 9×24 公分

× ×

How to make

1 兩片防水布面對面車合兩長側邊及底部。

2 車縫袋角 10cm（請參考 P74）。

3 在袋身正面，四側邊車縫壓線 0.1cm（離袋口 2.5cm 不車）。

4 提把布四等份摺，車縫壓線。

5 袋口往裡摺 1 cm 再摺 1cm，提把置入袋子內側，袋口車縫壓線一圈（提把一起），完成。

🧵 布料素材

格子防水布（袋身）＝ 20cm×30cm×2 片
格子防水布（提把）＝ 28cm×10cm×1 片

Lesson8-5 » 延伸款
抓底寬把包

▲成品尺寸＝ 53×30 公分

x x x x x x x x x x x x x x x x x x x x x x x x x x

布料素材

深灰亞麻布（表袋）＝ 55×38cm×2 片☆
大格棉麻布（裡袋）＝ 55×38cm×2 片
麂皮（提把）＝ 50×18cm×2 片
麂皮（側綁帶）＝ 50×10cm×2 片
麂皮（外口袋）＝ 20×17cm×2 片（參紙型）
織片＝ 1 片
布襯

x x x x x x x x x x x x x x x x x x x x x x x x x x x x x x x x x x x x x x x x x x

How to make

a

翻至正面　　　　　　車縫份推至中間

b

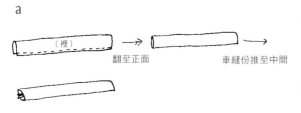

車 L 型

c

11cm

表袋（表）

1 裁剪所需材料。

2 依紙型裁剪口袋布兩片，面對面車合，口袋底留返口不車，翻至正面，整燙，縫合返口（請參考 P38），袋口車縫壓線一道（縫份 0.7cm）。

3 兩片表袋布燙上布襯，將口袋放置在一片表袋布的中間位置離袋口 11cm，車縫 U 字型，車上口袋。

4 兩片側邊車合，並且車縫袋角 12cm（請參考 P74）。

5 裡袋也是相同方法，唯袋底留適當返口不車。

6 提把布短邊對摺，面對面車合長邊，翻至正面，將車縫線推至中間，另一份也是相同方法。（圖 a）

7 側綁帶短邊對摺面對面車合 L 字型，翻至正面。（圖 b）

8 離表袋身正面 11cm 處車縫提把（縫份 0.7cm，提把車縫線朝上）。（圖 c）

9 表袋側邊車縫線處車縫上側綁帶（縫份 0.7cm）。

10 表裡袋面對面套入，車合袋口一圈，翻至正面，整燙，袋口車縫壓線一圈。

11 縫合裡袋返口，於袋口隨意縫上織片，完成。

Lesson8-6 》延伸款
單把有蓋包

▲成品尺寸＝ 21×18 公分

××××××××××××××××××××××××

🧵 布料素材

蘋果棉麻布（表袋）＝ 39×28cm×2 片☆
綠條紋棉麻布（裡袋）＝ 39×28cm×2 片
綠條紋棉麻布（表袋蓋布）＝ 20×26cm×2 片（紙型）☆
綠條紋棉麻布（底板布）＝ 23×20cm×2 片
黃格棉布（提把）＝ 43×12cm×1 片☆
棉繩＝ 50cm，12cm 各 1 條
鈕釦＝ 3 顆
塑膠板＝ 21×18cm×1 片
布襯

××××××××××××××××××××××××

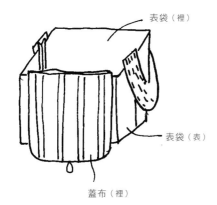

a

表袋（裡）

表袋（表）

蓋布（裡）

Tips

縫鈕釦時，鈕釦腳以手縫線纏
繞數圈可墊高鈕釦的高度，這
樣棉繩比較容易套入。

1 裁剪所需材料，表袋布燙上布襯。

2 兩片表袋布面對面車縫側邊和袋底，並車縫
袋角 16cm（請參考 P74）

3 在表袋的正面，離袋口 2cm，四側邊車縫壓線
0.1 ～ 0.2cm。

4 兩片裡袋布面對面車縫側邊和袋底，唯底部
需留適當返口不車，並車縫袋角 16cm。

5 蓋布一片燙上布襯，兩片面對面，中間位置
夾入 12cm 對摺棉繩 1 條，車合凵字型，弧處
剪牙口，翻至正面，整燙。

6 提把布燙上布襯，兩長側邊往裡摺入 1cm，再
對摺車縫，然後再車縫壓線三道。

Tips

提把壓線可以用對比色的車
線，會有不同的效果。

7 提把車縫(縫份 0.7㎝)固定在表袋的兩側。(圖
a)

8 蓋布和表袋身分別標好中心點記號，面對面
車縫（縫份 0.7㎝）。(圖 a)

9 表裡袋面對面套入，車合袋口一圈，翻至正面，
整燙，縫合裡袋底返口，袋口車縫壓線一圈。

10 兩片底板布面對面車合三邊，一邊不車當返
口，翻至正面，放入塑膠板，縫合返口，放
入裡袋底。(請參考 P75)

11 表袋身正面離袋口中間 11cm 位置縫上一顆鈕
釦。

12 在裡袋兩側邊各縫上一顆鈕釦，繞上 50cm 棉
繩一條，可用來固定袋身寬度，完成。

Lesson9-1 » 延伸款
深紫色無口袋款

▲成品尺寸＝35×25 公分

✕✕✕✕✕✕✕✕✕✕✕✕✕✕✕✕✕✕✕✕✕✕✕

🧵 布料素材

紫亞麻布（表袋身）＝ 38×27cm×2 片（參紙型）☆
紫亞麻布（表側）＝ 26×11cm×2 片☆
紫亞麻布（表底）＝ 34×11cm×1 片☆
紫亞麻布（提把）＝ 43×16cm×2 片☆
灰亞麻布（裡袋身）＝ 38×27cm×2 片（參紙型）☆
灰亞麻布（裡側）＝ 26×11cm×2 片☆
灰亞麻布（裡底）＝ 34×11cm×1 片☆
鐵砂色亞麻布（提把飾布片）＝ 6.5×4cm×4 片
布襯

How to make ✕✕✕

1 裁剪所需材料，表裡布都燙上布襯。

2 表底和兩表側邊布都燙上布襯。三者車合成ㄩ字型，縫份燙開，在正面，車縫線的左右兩邊都車縫壓線（請參考 P86）。

3 在表布背面標好紙型上相對的記號。

4 側邊布也標出中心點及側角兩個記號點（請參考 P86）。

5 車合袋身布及側邊布時，請將袋身布放在側邊布的上方。

6 另一片袋身布和側邊布也是相同車法。

7 弧處需剪牙口，燙開縫份。

8 裡袋的袋身和側邊布也是相同的方法，唯有一邊底部需留適當返口不車。

9 表裡袋面對面套入，車合袋口一圈。

10 翻至正面，表裡袋拉直，整燙袋口，袋口車縫壓線一圈。

11 提把布 43×16cm 2 片，燙上布襯 41×14cm（布襯四邊都少布 1cm）（請參考 P87）。

12 提把布兩長邊往裡四等份摺，兩長邊車縫壓線。

13 提把兩端貼上布用雙面膠帶（請參考 P87）。

14 離側邊車縫線 8cm 依紙型所標的位置貼上提把。

15 提把飾布片長邊先摺入 1cm，再將短邊摺入 1cm（請參考 P88）。

16 提把布片四周貼上布用雙面膠帶，將提把布片貼在提把上。

17 車縫提把布片一圈，最後縫合裡袋底返口，完成。

Lesson9-2 » 延伸款
長背帶十字包

▲成品尺寸＝ 35×26 公分

××××××××××××××××××××××××××

🧵 布料素材

淺灰麂皮（表袋）＝ 37×28cm×2 片（參紙型）
茶色亞麻布（表側）＝ 26×12cm×2 片☆
茶色亞麻布（表底）＝ 34×12cm×1 片☆
茶色亞麻布（提把）＝ 90×12cm×2 片☆
大格棉麻布（裡袋）＝ 37×28cm×2 片（參紙型）
大格棉麻布（裡側）＝ 26×12cm×2 片
大格棉麻布（裡底）＝ 34×12cm×1 片
皮片 A ＝ 15×8cm×1 片
皮片 B ＝ 25×8cm×1 片
布襯

How to make ××××××××××××××××××××××××××××××××

1 裁剪所需材料。

2 表底和兩表側布都燙上布襯。三者車合成凵字型，縫份燙開，在正面，車縫線的左右兩邊都車縫壓線。（請參考 P86）

3 一片表袋布在離袋口 9㎝ 中間位置，車縫上皮片 A；另一片表袋布標出中心點記號，在袋口車縫（縫份 0.7㎝）上皮片 B。（圖 a）

4 兩面表袋布依紙型標好接合記號點，和側邊、底布車合，弧處剪牙口。（請參考 P87）

5 裡袋也相同方法，唯裡底部需留適當返口不車，弧處剪牙口。

6 提把布一片燙布襯，兩片長側邊都往裡摺 1㎝，兩片背對背車縫兩長側邊（縫份 0.2㎝），並且在提把中間平均寬度，車縫兩道線。（圖 b）

7 表袋兩側邊和提把面對面車縫（縫份 0.7㎝）。

8 表裡袋面對面套入，車縫袋口一圈，翻至正面，整燙，袋口車縫壓線一圈。

9 縫合裡袋底返口，完成。

a

b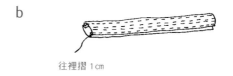

往裡摺 1cm

POINT

使用麂皮時，如需使用熨斗，上面請蓋一塊布，並用中低溫。

Lesson9-3 » 延伸款
單把毛料小花包

▲成品尺寸＝ 19×21 公分

× ×

🧵 布料素材

雙面毛料布（袋身）＝ 21×25cm×2 片
雙面毛料布（側邊）＝ 71×10cm×1 片
雙面毛料布（提把）＝ 30×6cm×2 片
雙面毛料布（花朵）＝ 13×13cm×1 片（參紙型）
雙面毛料布（花蕊）＝ 6×6cm×1 片（參紙型）

How to make ×

1 裁剪所需材料。

2 一片袋身布和側邊布面對面車合（請先標好中心點記號）。

3 再車合另一片袋身（車合時，可夾入一片對摺布片或織帶）。（圖 a）

4 將袋口往裡摺入 2cm，車縫袋口一圈（縫份 1.5cm）。

5 提把布兩片面對面，車合兩側邊，再每隔1cm 壓線車縫三道線。

6 標出袋口的中心點位置，將提把放在裡袋內，車縫上提把。

7 依紙型剪出花朵，斜針縫將花朵縫在袋身中間位置，再縫上花蕊，完成。

a

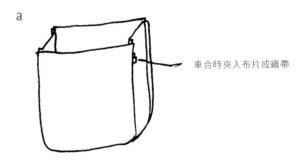

車合時夾入布片或織帶

Lesson9-4 » 延伸款
圓把方形毛料包

▲成品尺寸 = 21×21 公分

× ×

布料素材

雙面毛料布（袋身）= 21×21cm×2 片
雙面毛料布（側邊）= 63×10cm×1 片
雙面毛料布（提把）= 27×5cm×2 片（參紙型）
雙面毛料布（花蕊、葉子）= 6×6cm×1 片（參紙型）
黃色毛料布（花朵）= 15×15cm×1 片（參紙型）
別針 1 個

How to make ×

1 裁剪所需材料。

2 袋身布一片和側邊布背面對背面車合（請先標好中心點記號）。

3 再車合另一片袋身。

4 提把布一片長邊面對面車合（兩端 6cm 不車），另一片也是相同方法。（圖 a）

5 距離側邊 5cm，標上提把外緣記號點，縫上提把。（圖 b）

6 剪出 6 片花瓣，將花瓣縮縫串成一圈，縫上花蕊。

7 剪一片葉子，葉子邊緣壓縫一圈，葉子縫在花朵後方，最後在花朵後方縫上別針，別在袋子上，完成。

a

6cm 不車

b

5cm

手縫

Lesson 11 » 延伸款
兩用型皮繩環釦

▲成品尺寸＝ 22×40 公分

×╌×╌×╌×╌×╌×╌×╌×╌×╌×╌×╌×╌×╌

📌 布料素材

水玉棉麻布（表袋）＝ 26×44cm×1 片☆
條紋棉麻布（表袋）＝ 26×44cm×1 片☆
素亞麻布（裡袋）＝ 26×44cm×2 片
水玉棉麻布（包邊布片）＝ 4×4cm×1 片
土黃織帶（提耳）＝ 8cm×2 條
土黃織帶（袋口包邊）＝ 48cm×1 條
土黃織帶（背帶）＝ 130cm×1 條
米白織帶（背帶）＝ 130cm×1 條
綁帶＝ 20cm×2 條
D 型環＝ 2 個
鈕釦＝ 1 顆
暗釦＝ 2 組
布襯

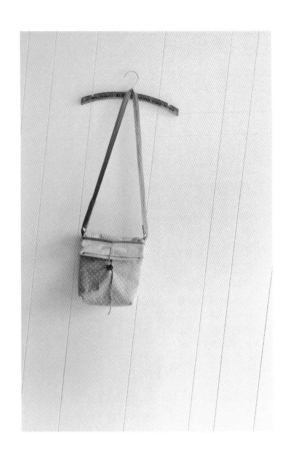

How to make ×××××××××××××××××××××××××××××××××××××××

1　裁剪所需材料，表袋布燙上布襯。

2　兩片表袋布面對面車合側邊時，離袋口 10cm 兩側邊都夾入套有 D 型環的提耳織帶一起車，再車合袋底，最後車縫袋角 5cm（請參考 P74）。（圖 a）

3　兩片裡袋布也是車縫側邊和袋底，車縫袋角 5cm。

4　表裡袋背對背套入，車縫（縫份 0.5cm）袋口一圈。

5　袋口用織帶包邊車縫一圈（織帶寬度對摺，請參考 P92），包邊織帶的起始和結束點，以一片包邊布片來裝飾。（圖 b）

6　在表袋前後片正面，離袋口 6cm 中間位置，各自車縫上一條綁帶；再選擇一面表袋身當前片，離袋口 20cm 正面中間位置，縫上鈕釦。

7　土黃和米白兩色織帶背對背車縫兩側邊成為一條背帶，一端穿入 D 型環，車縫固定，另一端則縫上兩組暗釦（兩組暗釦距離約 20 ～ 30cm），穿入 D 型環，可以調整長度，完成。

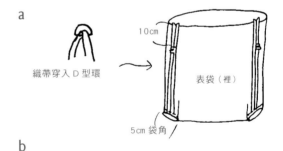

a

織帶穿入 D 型環

10cm

表袋（裡）

5cm 袋角

b

往裡摺再摺，斜針縫縫合

POINT

包邊布兩側往裡摺 1cm，四等份，先夾入織帶和袋身之間，最後以斜針縫縫合。

Lesson12 » 延伸款
大容量購物包

▲成品尺寸 = 22×40 公分

××××××××××××××××××××××

🧵 布料素材

黑格棉麻布（表袋身）= 52×35cm×2 片☆
黑格棉麻布（表袋底）= 35×35cm×1 片（參紙型）☆
條紋棉麻布（裡袋身）= 52×35cm×2 片
條紋棉麻布（裡袋底）= 35×35cm×1 片（參紙型）
水玉棉布（提把）= 65×10cm×4 片（參紙型）
雞眼釦 = 4 組（內徑 1cm）
布襯

How to make ×××××××××××××××××××××××××××××××××××

1　裁剪所需材料，剪裁表袋底時，請以剪斜格的方法，將表袋身和底布燙上布襯。

2　在表袋身布標上車摺記號點（圖a），A 和 B 往外重疊，C 和 D 往外重疊，車摺（縫份 0.7cm），另一邊也是；另一片也是相同方法（請參考 P106）。

3　兩片表袋身布面對面，車縫兩側邊。

4　表袋身和袋底標好等份記號點，面對面車合一圈（請參考 P106）。

5　兩片裡袋身也是和表袋身一樣的方法車摺。

6　兩片裡袋身面對面車合兩側邊，唯一側需留適當返口不車。

7　裡袋身和袋底標好等份記號點，面對面車合一圈。

8　表裡袋面對面套入，車合袋口一圈，翻至正面，整燙，袋口車縫壓線一圈。

9　縫合裡袋側邊返口。

10　依紙型車縫提把，長邊中間需留適當返口不車（圖b）。（提把紙型需外加縫份）

11　沿車縫邊 0.7cm 剪下提把，弧處剪牙口，翻至正面，整燙，縫合返口。

12　離袋身側邊車縫線 15cm 袋口 2.5cm 處，釘上雞眼釦（請參考 P21）。

13　穿入提把，提把布打結，完成。

a

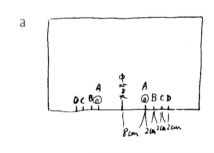

b

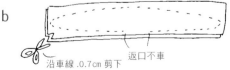

沿車縫線 .0.7cm 剪下　　返口不車

Lesson13-1 ›› 延伸款
圓底拼布變化

▲成品尺寸＝ 30×23 公分

✕ ✕

布料素材

花柄棉麻布（表袋）＝ 26×26cm×2 片☆
咖啡帆布（表袋側）＝ 22×25cm×2 片（參紙型）☆
咖啡帆布（表袋底）＝直徑 22cm 圓 ×1 片（參紙型）☆
咖啡帆布（提把）＝ 36×15cm×2 片☆
水玉棉布（裡布）＝ 33×25cm×2 片（參紙型）☆
水玉棉布（裡袋底）＝直徑 22cm 圓 ×1 片（參紙型）☆
皮＝ 9×9cm×2 片
鉚釘＝ 4 組
布襯

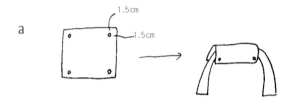

a

1 裁剪所需材料。

2 花柄棉麻布燙上布襯，兩側邊和燙上布襯的咖啡帆布面對面車合，縫份燙開，並在正面接合處左右都壓線一道，另一片花柄棉麻布也是，成一筒狀。

3 表袋底布燙上布襯，標上四等份記號和袋身面對面車合。（請參考 P111）

4 兩片裡布水玉棉布燙布襯，面對面車合側邊，有一側邊需留適當返口不車。

5 裡袋底布燙上布襯，標上四等份記號和裡袋身面對面車合。（請參考 P111）

6 提把一半及三邊內縮 1cm 燙上布襯，長邊往裡摺 1cm，再對摺，兩長邊縫份 0.2cm 車縫壓線，提把中間壓扁，車縫壓線 10cm。（請參考 P74）

7 離表袋身正面側邊 10cm 車縫上提把（縫份 0.7cm）。（請參考 P43）

8 表裡袋身面對面套入，車合袋口一圈，翻面，整燙，袋口車縫壓線一圈。

9 皮離邊 1.5cm 打 4 個洞，皮夾入提把，以 2 組鉚釘固定。（圖 a）

10 縫合裡袋返口，完成。

✕ ✕

Lesson13-2 ›› 延伸款
棉麻款圓底包

▲成品尺寸＝ 30×23 公分

✕ ✕

布料素材

灰花柄亞麻布（表袋）＝ 63×33cm×1 片☆
灰亞麻布（裡袋）＝ 63×26cm×1 片
灰亞麻布（裡袋底）＝直徑 21cm 圓 ×1 片（參紙型）
灰小花柄棉布（表袋底）＝直徑 21cm 圓 ×1 片（參紙型）☆
灰小花柄棉布（提把）＝ 50×10cm×2 片
蕾絲織帶＝ 26cm×1 條
鈕釦＝ 8 顆
布襯

a

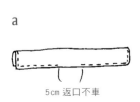

5cm 返口不車

b

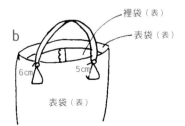

裡袋（表）
表袋（表）
表袋（表）
6cm   5cm

1 裁剪所需材料。

2 表袋布和表袋底布燙布襯，表袋布兩側邊面對面車合。

3 兩者標好 4 等份記號點，面對面車縫接合一圈（請參考 P111）。

4 裡袋布兩側邊夾入織帶，面對面車合。

5 裡袋和裡袋底標好 4 等份記號點，面對面車縫一圈。

6 表裡袋面對面套入，車合袋口一圈，唯需留適當返口不車，翻至正面，整燙，縫合返口。

7 表袋口往裡推 3cm，整燙袋口，袋口車縫壓線一圈。

8 提把布短邊對摺，車合冂字型，長邊中間留 5cm 返口不車，翻至正面，整燙，縫合返口，車縫壓線一圈。（圖 a）

9 提把離端 5cm 處抓皺，離袋口側邊 6cm 處，車縫上提把。（圖 b）

10 表裡再各以一顆鈕釦裝飾提把車縫處，完成。

Lesson13-3 »» 延伸款
1、2、3單把鋪棉款

▲成品尺寸＝ 16×16 公分

✕ ✕ ✕ ✕ ✕ ✕ ✕ ✕ ✕ ✕ ✕ ✕ ✕ ✕ ✕ ✕ ✕ ✕ ✕

🧵 布料素材

文字棉麻布（表袋身）＝ 56.5×18cm×1 片
文字棉麻布（表袋底）＝直徑 18cm 圓 ×1 片（參紙型）
文字棉麻布（提把）＝ 35×14cm×1 片
黑格棉麻布（裡袋身）＝ 56.5×18cm×1 片
黑格棉麻布（裡袋底）＝直徑 18cm 圓 ×1 片（參紙型）
咖啡色繡線
單膠棉襯

How to make ✕

1 裁剪所需材料，表袋身、底布和提把布燙上棉襯。

2 表袋身回針縫繡上數字「1」。

3 表袋身兩側邊面對面車合。

4 表袋身和袋底標好等份記號點，面對面車合一圈（請參考 P111）。

5 裡袋身兩側邊面對面車合，唯需留適當返口不車。

6 裡袋身和裡袋底標好等份記號點，面對面車合一圈。

7 提把布面對面車縫長側邊，將車縫份的棉襯剪去，翻至正面。（圖 a）

8 提把車縫壓線四道。

9 袋身標兩等份記號點，提把置於記號點位置，車縫（縫份 0.7cm）。（圖 b）

10 表裡袋面對面套入，車合袋口一圈，翻至正面，整燙袋口，袋口手縫壓線一圈。

11 縫合裡袋側邊返口，完成。

POINT

燙棉襯時，熨斗溫度不可以停留在布太久，以免將棉襯燙扁，失去蓬鬆厚度。

a

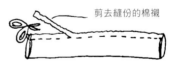

剪去縫份的棉襯

b

縫份 0.7cm

表袋（表）

手作包不失敗的14堂課
暢銷增訂版

作者	吳玉真	發行人	何飛鵬
攝影	王正毅	事業群總經理	李淑霞
封面設計	RabbitsDesign	出版	城邦文化事業股份有限公司 麥浩斯出版
美術設計	徐小碧	地址	115 台北市南港區昆陽街 16 號 7 樓
社長	張淑貞	電話	02-2500-7578
副總編輯	許貝羚	傳真	02-2500-1915
行銷企劃	曾于珊	購書專線	0800-020-299

發 行	英屬蓋曼群島商家庭傳媒股份有限公司城邦分公司
地 址	115 台北市南港區昆陽街 16 號 5 樓
讀者服務專線	0800-020-299
	（9:30AM～12:00AM；01:30PM～05:00PM）
讀者服務傳真	02-2517-0999
讀者服務信箱	sevice@cite.com.tw
劃撥帳號	19833516
劃撥戶名	英屬蓋曼群島商家庭傳媒股份有限公司城邦分公司
香港發行	城邦〈香港〉出版集團有限公司
地址	香港灣仔駱克道193號東超商業中心1樓
電話	852-2508-6231
傳真	852-2578-9337
Email	hkcite@biznetvigator.com

馬新發行	城邦〈馬新〉出版集團Cite(M) Sdn Bhd
地 址	41, Jalan Radin Anum, Bandar Baru Sri Petaling,57000 Kuala Lumpur, Malaysia.
電話	603-9057-8822
傳真	603-9057-6622

製版印刷	凱林印刷事業股份有限公司
總經銷	聯合發行股份有限公司
地址	新北市新店區寶橋路235巷6弄6號2樓
電話	02-2917-8022
傳真	02-2915-6275
版次	初版 5 刷 2024年6月
定價	新台幣380元 / 港幣127元

手作包不失敗的14堂課 / 吳玉真著. -- 二版. -- 臺北市 :麥浩斯出版 :
家庭傳媒城邦分公司發行, 2017.08
　面；　公分
ISBN 978-986-408-309-1(平裝)

1.手提袋 2.手工藝

426.7　　　　　　　　　　106013566